U0380511

中等职业教育化学工艺专业规划教材编审委员会

主　　任　　邬宪伟

委　　员　　（按姓名笔画排列）

丁志平　　王小宝　　王建梅　　王绍良　　王新庄
王黎明　　开　俊　　毛民海　　乔子荣　　邬宪伟
庄铭星　　刘同卷　　苏　勇　　苏华龙　　李文原
李庆宝　　杨永红　　杨永杰　　何迎建　　初玉霞
张　荣　　张　毅　　张维嘉　　陈炳和　　陈晓峰
陈瑞珍　　金长义　　周　健　　周玉敏　　周立雪
赵少贞　　侯丽新　　律国辉　　姚成秀　　贺召平
秦建华　　袁红兰　　贾云甫　　栾学钢　　唐锡龄
曹克广　　程桂花　　詹镜青　　潘茂椿　　薛叙明

中等职业教育化学工艺专业规划教材

全国化工中等职业教育教学指导委员会审定

化学实验基本操作

陈进荣　焦明哲　主编

初玉霞　主审

化学工业出版社

·北京·

本书以独特的项目化形式将常用的化学实验基本操作合理编排为若干个项目，每个项目都包含 1～2 个可由学生自己动手的"训练"，内容针对某个基本操作专项，符合相关项目所需完成的基本教学要求。在每次训练之前，通过"想一想"促使学生复习回顾该训练所需具备的相关理论知识和操作技能。每次训练完成后，都设有一个"训练评价"表，以检验学生完成实验训练的质量。每个项目还配有相应的"拓展知识"，可通过课堂上教师的指导和课后的学习，使学生较系统地掌握有关的知识和技能。

本书可作为中等职业教育化工、轻工、食品、环保等类专业的实验教材，也可供企业相关技术人员参考使用。

图书在版编目（CIP）数据

化学实验基本操作/陈进荣，焦明哲主编． —北京：化学工业出版社，2009.1（2023.8重印）
中等职业教育化学工艺专业规划教材
ISBN 978-7-122-04399-3

Ⅰ．化…　Ⅱ．①陈…②焦…　Ⅲ．化学实验-专业学校-教材　Ⅳ．O6-3

中国版本图书馆 CIP 数据核字（2008）第 207835 号

责任编辑：旷英姿　　　　　　　　　　文字编辑：李姿娇
责任校对：宋　夏　　　　　　　　　　装帧设计：周　遥

出版发行：化学工业出版社（北京市东城区青年湖南街 13 号　邮政编码 100011）
印　　装：天津盛通数码科技有限公司
787mm×1092mm　1/16　印张 8½　字数 196 千字　2023 年 8 月北京第 1 版第 7 次印刷

购书咨询：010-64518888　　　　　　　售后服务：010-64518899
网　　址：http://www.cip.com.cn
凡购买本书，如有缺损质量问题，本社销售中心负责调换。

定　　价：26.00 元

版权所有　违者必究

序

"十五"期间我国化学工业快速发展，化工产品和产量大幅度增长，随着生产技术的不断进步，劳动效率不断提高，产品结构不断调整，劳动密集型生产已向资本密集型和技术密集型转变。化工行业对操作工的需求发生了较大的变化。随着近年来高等教育的规模发展，中等职业教育生源情况也发生了较大的变化。因此，2006年中国化工教育协会组织开发了化学工艺专业新的教学标准。新标准借鉴了国内外职业教育课程开发成功经验，充分依靠全国化工中职教学指导委员会和行业协会所属企业确定教学标准的内容，注重国情、行情与地情和中职学生的认知规律。在全国各职业教育院校的努力下，经反复研究论证，于2007年8月正式出版化学工艺专业教学标准——《全国中等职业教育化学工艺专业教学标准》。

在此基础上，为进一步推进全国化工中等职业教育化学工艺专业的教学改革，于2007年8月正式启动教材建设工作。根据化学工艺专业的教学标准以核心加模块的形式，将煤化工、石油炼制、精细化工、基本有机化工、无机化工、化学肥料等作为选用模块的特点，确定选择其中的十九门核心和关键课程进行教材编写招标，有关职业教育院校对此表示了热情关注。

本次教材编写按照化学工艺专业教学标准，内容体现行业发展特征，结构体现任务引领特点，组织体现做学一体特色。从学生的兴趣和行业的需求出发安排知识和技能点，体现出先感性认识后理性归纳、先简单后复杂，循序渐进、螺旋上升的特点，任务（项目）选题案例化、实战化和模块化，校企结合，充分利用实习、实训基地，通过唤起学生已有的经验，并发展新的经验，善于让教学最大限度地接近实际职业的经验情境或行动情境，追求最佳的教学效果。

新一轮化学工艺专业的教材编写工作得到许多行业专家、高等职业院校的领导和教育专家的指导，特别是一些教材的主审和审定专家均来自职业技术学院，在此对专业改革给予热情帮助的所有人士表示衷心的感谢！我们所做的仅仅是一些探索和创新，但还存在诸多不妥之处，有待商榷，我们期待各界专家提出宝贵意见！

邬宪伟
2008 年 5 月

前　言

本教材是依据 2007 年中国化工教育协会编写的《全国中等职业教育化学工艺专业教学标准》，以训练学生化学实验基本操作技能为主要目的编写的，适用作中等职业教育化学工艺类专业及其他相关专业教材。

根据中等职业教育化学工艺专业培养目标和学生的特点，本教材以项目的形式进行编写，每次课都有 1～2 个由学生自己动手操作的训练，由教师进行辅导完成本次课程的主要教学任务。为使训练达到教学的要求和目标，在训练前，要求学生先想一想要顺利完成该活动所需要具备的相关知识，促使学生在教师的指导下完成有关理论知识的学习，变"老师要我学"为"我要学"。

在训练过程中，逐步培养学生的职业素养和安全意识。为检验学生的学习效果，每次训练完成后，都设有一个训练评价表，以检验学生完成的质量，同时通过评价内容的条目将正确的操作方法告诉学生，起到一个提示的作用。为了保证一体化教学活动的顺利进行，在每个训练中都列出了主要仪器、试剂和操作步骤。

通过一系列由学生自己动手操作的训练，完成本课程最基本的教学要求。在学生的学习兴趣、信心和学习的欲望被激发和建立起来后，每个项目还编写了拓展知识内容，在教师的指导下，通过课堂和课后的学习，使学生能够较系统地掌握有关的知识和技能，同时也可以在一定程度上满足部分学生继续学习的需要。

本教材中编入了适量的选学（做）内容，并加"＊"标记，使教学内容安排具有一定的弹性，以便适应于不同的学时和教学要求。

参加本教材编写工作的有广东省石油化工职业技术学校陈进荣（课题一、二、三），安徽化工学校焦明哲（课题四的项目一、三、四、五，课题五的项目一至项目五）、肖峰松（课题四的项目二、课题五的项目六），全书由陈进荣统稿。

吉林工业职业技术学院初玉霞老师担任本教材的主审，贵州科技工程职业技术学院袁红兰副院长、广东省石油化工职业技术学校侯丽新副校长对书稿提出了许多宝贵意见，在此一并致谢。

由于编者业务水平、教学经验有限，加之时间仓促，书中疏漏和不足之处在所难免，敬请读者批评指正。

编　者
2008 年 11 月

目　　录

课题一 化学实验室的基本知识

项目一 化学实验室常识

一、化学试剂的等级

化学实验室中有各种各样的化学试剂，根据用途可分为通用试剂和专用试剂。专用试剂大都只有一个级别，如生物试剂、生化试剂、指示剂等。通用试剂可根据试剂的纯度划分为四个等级。

（1）优级纯试剂（又叫保证试剂） 其试剂标签为绿色标志，符号为 G.R.。优级纯试剂的纯度很高，适用于精密度要求较高的化学分析和科学研究工作。

（2）分析纯试剂 其试剂标签为红色标志，符号为 A.R.。分析纯试剂的纯度仅次于优级纯试剂，常用于定性、定量分析和一般的科学研究工作。

（3）化学纯试剂 其试剂标签为蓝色标志，符号为 C.P.。化学纯试剂的纯度较分析纯试剂低，适用于一般的定性分析和化学实验。

（4）实验试剂 其试剂标签常为棕色标志，符号为 L.R.。实验试剂的纯度较低，常用作实验的辅助试剂。

此外，还有一些高纯度的专用试剂，如光谱试剂、色谱试剂、基准试剂等。

化学试剂的纯度越高其价格越高，应根据实验目的和要求，本着节约的原则来选择不同规格的试剂。既不要盲目追求高纯度而造成不必要的浪费，也不能随意降低规格而影响实验结果的准确性。

二、化学试剂的保管

实验室中，正确存放和保管化学试剂十分重要。若保管不当，不仅会使试剂变质失效，影响实验结果，而且造成物质浪费，有时还会引发事故。

化学试剂的存放与保管应根据试剂的性质、周围的环境及实验室条件的不同等，加以区别对待。既要确保不发生火灾、爆炸、泄漏及中毒等事故，又要防止试剂吸湿潮解、标签脱离及变质失效。一般应保存在通风良好、清洁干燥的房间内。对于具有特殊性质的化学试剂，还应按其不同的性能要求进行特殊的保管，见表1-1。

三、化学实验室用水

水是一种使用最为广泛的化学试剂，也是最为常用的廉价溶剂和洗涤剂，水质的好坏直接影响化工产品的好坏和实验结果。各种天然水由于长期和土壤、空气、矿物质等接触，都不同程度地溶有无机盐、气体和某些有机物等杂质。无机盐主要是钙和镁的酸式碳酸盐、硫酸盐、氯化物等；气体主要是氧气、二氧化碳和低沸点易挥发的有机物等。一般来讲，水中离子性杂质的含量顺序为盐碱地水>井水(或泉水)>自来水>河水>池塘水>雨水；有机物杂质的含量顺序为池塘水>河水>泉水>自来水。因此，天然水和自来水都不宜直接用来做化学实验。我国实验室用水已经有了国家标准，GB 6682—92规定实验用水的技术指标见表1-2。

表 1-1　化学试剂的分类和贮存条件

类　别	特　　　点	贮存条件	试剂举例
易燃类	凡遇火、受热、与氧化剂接触、撞击、摩擦能引起燃烧或爆炸气体、液体或固体。闪点①小于45℃的称为易燃液体,大于45℃的称为可燃液体。燃点②小于300℃的称为易燃固体,大于300℃的称为可燃固体	气体贮存于专用的钢瓶中。阴凉通风,温度不超过30℃,与其他易产生火花的器物和可燃物隔离存放,特殊标志。闪点在25℃以下的存放理想温度为-4～4℃	1. 氢气、甲烷、乙烯、乙炔、煤气和液化石油气、氧气、空气、氯气、二氧化氮等 2. 乙醚、丙酮、汽油、苯、乙醇、乙二醇、甘油等 3. 赤磷、黄磷及三硫化磷、五硫化磷等
易爆类	1. 本身是炸药或易爆物 2. 遇水反应剧烈,发生燃烧爆炸 3. 与空气接触氧化燃烧 4. 受热、冲击、摩擦或与氧化剂接触时易发生燃烧爆炸	温度在30℃以下,最好在20℃以下保存。与易燃物、氧化剂隔开。用防爆架放置,在放置槽内垫沙并加木盖	1. 苦味酸、三硝基甲苯、硝化纤维、乙炔银及氯酸钾等 2. 钠、钾、电石、氢化锂及硼化物等 3. 白磷等 4. 红磷、镁粉、锌粉、铝粉、萘、樟脑及硫化磷等
剧毒类	可通过皮肤、呼吸道及消化道侵入体内,破坏人体正常身体机能,导致中毒甚至死亡	专柜加锁,加贴剧毒标志,专人保管。取用时要严格做好记录,不得超量领取	氰化物、三氧化二砷(砒霜)、升汞、苯、铬酸盐及硫酸二甲酯等
强腐蚀类	对人体皮肤、黏膜、呼吸器官及金属等具有强烈的刺激作用或腐蚀性的液体和固体	选用抗腐蚀材料做存放架,架的高度以保证存取试剂方便安全为宜。阴凉通风,与其他试剂隔离放置,温度在30℃以下	发烟硫酸、浓硫酸、浓盐酸、硝酸、醋酐、冰醋酸、苛性碱、溴、苯酚、氨水、硫化钠及三氯化磷等
强氧化剂类	具有较强的氧化性,当受热、撞击或混入还原性物质时,就可能引起爆炸	阴凉、通风、干燥、室温不超过30℃,不能与还原性或可燃性物质混放,包装也不宜过大	氯酸钾、硝酸盐、高锰酸钾、重铬酸盐和过氧化物等
放射类	具有放射性,能对人体造成伤害	装在磨口玻璃瓶中,再放入塑料及铅质容器中保存,远离易燃易爆物	铀酰、硝酸钍、氧化钍及钴-60 等
贵材类	价格昂贵的特纯试剂、稀有元素及其化合物	采用小包装,单独存放,妥善保管	钯黑、锗、四氯化钛、铂及其化合物
有机试剂及指示剂类		专柜按用途分类存放	
易分解易氧化类	1. 与空气接触容易发生氧化 2. 见光容易发生分解	棕色瓶中密封贮存,放置在阴暗避光处	1. 苯甲醛、氯化亚锡、硫酸亚铁等 2. 硝酸银、碘化钾、高锰酸钾等
其他类	除上述几类之外的无机、有机试剂	阴凉通风、在室温下保存。可按酸、碱、盐分类保管	

①　液体表面上的蒸气刚足以与空气发生闪燃的最低温度称为闪点。

②　可燃物质开始持续燃烧所需的最低温度称为该物质的着火点或燃点。

表 1-2　实验室用水级别及主要指标

指标名称		一　级	二　级	三　级
pH 范围(25℃)①		—	—	5.0～7.5
电导率(25℃)/mS·m⁻¹	≤	0.01	0.10	0.50
吸光度(254nm,1cm 光程)	≤	0.001	0.01	
二氧化硅含量/mg·L⁻¹	≤	0.02	0.05	
可氧化物限度实验②		—	符合	符合

①　高纯水的 pH 难于测定,故一、二级水没有规定 pH 要求。

②　取样 100mL,加 10.0mL 密度为 98g·L⁻¹ 的硫酸溶液和 1.0mL 浓度为 0.01mol·L⁻¹ 的高锰酸钾溶液,加盖煮沸 5min,与加热对照水样比较所呈淡黄色未完全消失则符合规定。说明该水中易氧化的有机物杂质没有超标。

天然水要达到上述技术标准，必须进行净化处理，以制备纯水。常用的制备方法有蒸馏法、离子交换法和电渗析法。

1. 蒸馏水的制备

经蒸馏器蒸馏而得的水为蒸馏水。天然水汽化后冷凝就可得到蒸馏水，水中大部分无机盐杂质不挥发而被除去。蒸馏器有各种各样的，一般是由玻璃、镀锡铜皮、铝、石英等材料制成。蒸馏水较为洁净，但仍含有少量杂质，如蒸馏器材料带入的离子、随水蒸气带入的二氧化碳及某些低沸点易挥发物，少量呈雾状的液体水飞出直接进入蒸馏水中，微量的冷凝管材料成分也能带入蒸馏水中。故蒸馏水只能作为一般化学实验之用。

二次蒸馏水又叫重蒸馏水。用硬质玻璃或石英蒸馏器，在水中加入少量高锰酸钾的碱性溶液（破坏水中的有机物）重新蒸馏，弃掉最初馏出的四分之一，收集中段的重蒸馏水。如果仍不符合要求，还可再蒸一次得三次蒸馏水，用于要求较高的实验。实践证明，更多次的重复蒸馏无助于水质的进一步提高。

高纯度的蒸馏水要用石英、银、铂、聚四氟乙烯蒸馏器制得，同时采用各种特殊措施。如近年来出现的石英亚沸蒸馏器，它的特点是在液面上加热，使液面始终处于亚沸状态，蒸馏速度较慢，可将水蒸气带出的杂质减至最低。

2. 去离子水的制备

用离子交换法制取的纯水叫去离子水。离子交换法是利用离子交换树脂对水进行净化，天然水经过离子交换树脂处理除去了绝大部分的各种阴、阳离子，但却不能除去大部分有机杂质。

离子交换树脂是指分子中含有可交换的活性基团的固态高分子聚合物，包括阳离子交换树脂和阴离子交换树脂。其中，阳离子交换树脂中含有酸性交换基团 H^+，可与水中的 Na^+、K^+、Ca^{2+}、Mg^{2+}、Fe^{3+} 等阳离子进行交换，使这些杂质离子结合到树脂上，而 H^+ 则进入水中；阴离子交换树脂中含有碱性交换基团 OH^-，可与水中的 Cl^-、SO_4^{2-}、CO_3^{2-}、HCO_3^- 等阴离子进行交换，而 OH^- 则进入水中，交换出来的 H^+ 和 OH^- 结合成水。

用离子交换树脂净化水在离子交换柱中进行，实验室中柱材料一般用有机玻璃，内装树脂，净化过程如图 1-1 所示。自来水经过阳离子交换柱除去阳离子，再通过阴离子交换柱除去阴离子。

交换后的树脂用稀盐酸、稀氢氧化钠处理后又能复原，这一过程叫做树脂再生。再生的树脂可继续使用。

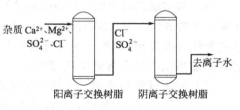

图 1-1 离子交换树脂净化水示意图

3. 电渗析法制纯水

电渗析法是把树脂制作成阴、阳离子交换膜，在外加电场的作用下，利用膜对溶液中的离子的选择性将杂质分离除去。

四、试纸

试纸是用滤纸浸渍了指示剂或试剂溶液后制成的干燥纸条。常用来定性检测一些溶液的性质或某些物质的存在，具有操作简单、使用方便、反应快速等特点。各种试纸都应密封保存，以防被实验室中的气体或其他物质污染而变质失效。

1. 试纸的种类

试纸的种类很多，这里仅介绍实验室中常用的几种试纸。

(1) 酸碱试纸　酸碱试纸是用来检测溶液酸碱性的。常见的有石蕊试纸、刚果红试纸和 pH 试纸等。

① 石蕊试纸。石蕊试纸分蓝色和红色两种，蓝色试纸在酸性溶液中变成红色，红色试纸在碱性溶液中变成蓝色。

② 刚果红试纸。刚果红试纸自身为红色，遇酸变为蓝色，遇碱又变回红色。

③ pH 试纸。pH 试纸分为两种，一种是广泛 pH 试纸，另一种是精密 pH 试纸。广泛 pH 试纸测试的 pH 范围较宽，在 pH 1~14 之间，其颜色由红—橙—黄—绿至蓝色发生逐渐变化。溶液的 pH 不同，试纸的变色程度也不同，通常附有色阶卡，以便通过比较确定溶液的 pH 范围。这种试纸测得的 pH 较为粗略。精密 pH 试纸按其变色范围分为很多类型，如 pH 为 2.7~4.7、3.8~5.4、5.4~7.0 、6.8~8.4、8.2~10.0、9.5~13.0 等。精密 pH 试纸测得的 pH 变化值较小，较为精确。

(2) 特制专用试纸　这类试纸具有专属性，通常用于检测某种物质的存在，常见的有以下几种。

① 淀粉-碘化钾试纸。淀粉-碘化钾试纸是浸渍了淀粉-碘化钾溶液的滤纸，晾干后剪成条状贮存于棕色瓶中。自身为白色，当遇到氧化性物质（如 Cl_2、Br_2、NO_2、O_2、$HClO$ 、H_2O_2 等）时，氧化剂将试纸上的 I^- 氧化成 I_2，I_2 与淀粉作用使试纸呈现蓝色。

② 醋酸铅试纸。醋酸铅试纸是将滤纸用醋酸铅溶液浸泡后晾干制成的白色纸条，它是专门用来检测 H_2S 的。润湿的试纸遇到 H_2S 气体时，试纸上的 $Pb(Ac)_2$ 与之反应生成黑褐色带有金属光泽的 PbS 沉淀，借以证明 H_2S 的存在。

③ 硝酸银试纸。硝酸银试纸是将滤纸用硝酸银溶液浸泡后晾干制成的黄色纸条，通常保存在棕色瓶中，它是用来检测 AsH_3 气体的。湿润的硝酸银试纸遇到 AsH_3 气体时，发生氧化还原反应，析出的单质银沉积在试纸上，形成黑色斑点，这一特征反应用来证明 AsH_3 的存在。

2. 试纸的使用

(1) 酸碱试纸的使用　使用酸碱试纸检验溶液的酸碱性时，先用镊子夹取一条试纸，放在干燥洁净的表面皿中（或点滴板上），再用玻璃棒蘸取少许待测溶液滴在试纸上，观察试纸颜色的变化（若为 pH 试纸，则需与色阶卡进行比较），以确定溶液的酸碱性（或 pH 范围）。注意：不能将试纸投入溶液中进行检测。

(2) 专用试纸的使用　使用专用试纸检验气体时，先将试纸润湿后粘在玻璃棒的一端，然后悬挂在待测物质的试管口的上方，观察试纸颜色的变化，以确定某种气体是否存在。注意：不能将试纸伸入试管内进行检测。

无论哪种试纸，都不要直接用手取用，以免手上可能带有的化学品污染试纸。从容器中取出所需试纸后，应立即盖严容器，用过的试纸应投入废物缸中。

五、气体钢瓶

实验室中常需使用钢瓶中存放的各种气体。气体钢瓶是由无缝碳素钢或合金钢制成的，其外形如图 1-2 所示。在钢瓶的肩部打有钢印，标出制造单位、日期、型号、工作压力、瓶身净重、水压试验的压力和日期以及下次检验的日期等重要数据。

图 1-2　气体钢瓶

1. 气体钢瓶的标志

贮存不同气体的钢瓶及其外壳的标志是不同的，对此国家有统一的规定。部分气体钢瓶的标志见表1-3。

表 1-3 部分气体钢瓶的标志

气体类别	瓶身颜色	标志颜色	钢瓶内气体状态
氮气	黑	黄（棕线）	压缩气体
氨气	黄	黑	液态
氢气	深绿	红（红线）	压缩气体
氧气	天蓝	黑	压缩气体
氯气	黄绿（保护色）	白（白绿线）	液态
二氧化碳	黑	黄	液态
压缩空气	黑	白	压缩气体
乙炔	白	红	乙炔溶解在活性丙酮中
氦气	棕	白	压缩气体

2. 气体钢瓶的使用规则

① 使用钢瓶中的气体，必须通过减压器，将气体的压力降至实验所需的范围。使用的压力表应与气体钢瓶的使用压力相匹配。

② 安装减压器前应先清除开关阀接口处的污垢，安装时螺扣要拧紧。对于易燃、易爆的气体，在打开减压器时必须缓慢，以免由于气体流速太快，产生静电火花而引起爆炸。

③ 不同的气体钢瓶需配备专用减压器，其颜色应与钢瓶的颜色相同。减压器一般不得混用。

④ 开启气体钢瓶时，人应站在出气口的侧面，以免被冲出的气流射伤。使用后先关闭钢瓶阀门，放尽减压器进出口气体，再松开其调节开关。

⑤ 钢瓶使用后，剩余残压不应少于 $9.8 \times 10^5 \text{Pa}$，不得完全用尽，以防空气倒吸，再次充气时发生危险。

⑥ 搬运钢瓶时，要防止剧烈震动或与其他硬物撞击，以免引发爆炸；应检查用于保护开关阀的安全帽是否旋紧，防止其在移动钢瓶时松动。

⑦ 气体钢瓶应置于阴凉、通风、远离热源的地方。易燃气体钢瓶与氢气钢瓶不能在室内使用。对于特种钢瓶如氧气钢瓶，应严禁与油类接触，以免引起燃烧。

思 考 题

1. 化学试剂一般分为几个等级？分别用什么颜色和符号作为标志？

2. 若化学试剂保存不当，会造成哪些不良后果？

3. 化学实验室对水有什么要求？如何制备？

4. 试纸分为几类？怎样使用？

项目二 化学实验室的安全与环保

化学实验是在较为特殊的环境中进行的科学实验。在化学实验中，往往要使用一些易燃（如酒精、丙酮等）、易爆（如金属钠、乙炔等）、有毒（如重铬酸钠、苯胺等）及有腐蚀性（如浓硫酸、溴等）的化学试剂。这些化学试剂如果使用不当，就有可能发生着火、爆炸、中毒和灼伤等事故，造成人身伤亡并使国家财产遭受损失。此外，玻璃器皿、电器设备等如果使用或处理不当，还会发生割伤或触电事故。为有效维护人身安全、确保实验顺利进行，每个实验者必须熟悉和遵守实验室规则、严格按实验规程进行操作，还应该了解常用仪器设备和化学药品的性能与危害、一般事故的预防与处理等安全防护知识。

训练　参观化学实验室

一、学习内容

1. 参观化学实验室，观察、了解化学实验室的实验台结构、用途及使用注意事项。

2. 化学实验室的供电设施及安全用电知识。

3. 化学药品的存放。

4. 化学实验室的安全设施。

5. 常用仪器设备及玻璃仪器等。

想一想：

1. 你对化学实验室了解吗？

2. 化学实验室有什么规则要求？

二、训练评价

要求每位同学写一份参观感想。检查学生对实验室规则的了解，对常用仪器设备、安全及用电知识的掌握程度。

三、相关知识

1. 实验室规则

（1）实验前应认真预习，了解实验中所用药品的危险性及其安全操作方法。

（2）进入实验室后，应先熟悉水、电开关及灭火器材等安全用具的放置地点和使用方法。认真检查所需的药品、仪器是否齐全，经教师同意后方可进行实验。

（3）实验中所用的化学药品，不得随意丢弃，使用后必须放回原处。实验后的残渣、废液等应倒入指定容器内统一处理。

（4）绝对不允许随意混合各种化学药品，以免发生意外事故。

（5）对于可能产生危险的实验，应在防护屏后面进行或使用防护眼镜、面罩和手套等防护用具。

（6）实验过程中不得擅离岗位，应随时观察反应现象是否正常、仪器有无漏气和破裂等，如实详细地记录实验现象和结果。

（7）实验室内严禁吸烟、饮食、嬉笑和打闹。若出现意外事故应保持镇定，及时报告老师并听从指挥，积极进行处理。

（8）实验结束后，应及时洗手，清洗仪器，整理实验台面，关闭水、电开关，经教师检查允许后方可离开实验室。

（9）每次实验后轮流值日，负责打扫和整理实验室。

2. 化学实验室的设施

一般的化学实验室有实验台、通风橱、排气扇及药品柜等。实验台的台面一般由耐酸、碱的理化板制作（但不耐热）。实验台的上面有试剂架，下面是玻璃仪器柜，中间或两头配有水槽及自来水龙头，试剂架上还有 220V 的电源插座。通风橱有抽风设施，同时配有自来水龙头及 220V 的电源插座。整间化学实验室设有总开关及各分路开关，同时有过载及漏电保护装置。

3. 安全与防护常识

（1）预防火灾　火灾就是失控的意外燃烧。只要控制意外燃烧的条件，就可有效地预防火灾的发生。

实验室中，使用或处理易燃试剂时，应远离明火。乙醇、乙醚、石油醚和苯等低沸点、易挥发、易燃液体应存放在密闭容器中，远离火源。这些物质不能用明火直接加热，应在回流或蒸馏装置中用水浴或蒸汽浴进行加热。某些易燃或可发生自燃的物质如红磷、五硫化磷、黄（白）磷及二硫化碳等，不宜在实验室内大量存放，少量的也要密闭存放于阴凉、避光和通风处，并远离火源、电源和暖气设施等。

实验用后的易挥发、易燃物质，应回收特殊处理。一旦不慎发生火情，应立刻切断电源，迅速移开附近一切易燃物质，再根据具体情况，采取适当的灭火措施，将火熄灭。如实验台或地面小范围着火，可用湿布或细沙盖灭；容器内着火，可用石棉网或湿布盖住容器口，使火熄灭；电器着火，可用二氧化碳灭火器熄灭；衣服着火时，切忌惊慌失措、四处奔跑，可用厚的外衣淋湿后包裹使其熄灭，较严重时应卧地打滚，同时用水冲淋将火熄灭。

灭火器是实验室的常备设备，在着火的初始阶段使用特别有效。火势到了猛烈阶段，必须由专业消防队来扑救。为了正确使用灭火器，现将几种常见的灭火器列于表 1-4。

表 1-4　常见灭火器的使用

灭火器种类	内装药剂	用　途	性　能	用　法
泡沫灭火器	$NaHCO_3$ $Al_2(SO_4)_3$	扑灭油类火灾,不适用于电器类火灾	10kg 灭火器射程 8m,喷射时间 60s	倒过来摇动或打开开关。1.5 年更换一次药剂
二氧化碳灭火器	压缩液体二氧化碳	扑灭贵重仪器、电器类火灾,不能用于扑灭可燃金属类火灾	射程 1.5～3m,液态 CO_2 的沸点为 −70℃。防止冻伤	拿好喇叭筒,打开开关。三个月检查一次 CO_2 的量
干粉灭火器	$NaHCO_3$ 粉、少量润滑剂、防潮剂、高压 CO_2 或 N_2	能用于扑灭各种火灾,但对于贵重仪器等有损害	射程 5m,喷射时间 20s 左右	拉开保险栓,按下钢瓶开关

（2）预防爆炸　燃烧和爆炸在本质上都是可燃性物质在空气中的氧化反应，爆炸的危险性主要是针对易燃的气体和蒸气而言。可燃气体或蒸气在空气中刚足以使火焰蔓延的最低浓度称为该气体的爆炸下限（或着火下限）；同样刚足以使火焰蔓延的最高浓度称为该气体的爆炸上限（或着火上限）。可燃物质浓度在下限以下以及上限以上与空气的混合物都不会着火爆炸。化学物质易爆的危险程度用爆炸危险度表示：

$$爆炸危险度 = \frac{爆炸上限浓度 - 爆炸下限浓度}{爆炸下限浓度}$$

典型气体的爆炸危险度见表 1-5。爆炸事故会造成严重后果，实验室应认真加以防范，杜绝此类事故的发生。使用钢瓶或自制的氢气、乙炔、乙烯等气体进行燃烧实验时，一定要在除尽容器内的空气后，方可点燃。

某些有机过氧化物、干燥的金属炔化物和多硝基化合物等都是易爆的危险品，不能用磨口容器盛装，不能研磨，不能使其受热或受剧烈撞击，使用时必须严格按操作规程进行。

表 1-5　典型气体的爆炸危险度

序　号	名　称	爆炸危险度	序　号	名　称	爆炸危险度
1	氨	0.87	6	汽油	5.00
2	甲烷	1.83	7	乙烯	9.60
3	乙醇	3.30	8	氢	17.78
4	甲苯	4.80	9	苯	5.70
5	一氧化碳	4.92	10	二硫化碳	59.00

金属钠、钾、钙等遇水易起火爆炸，须保存在煤油或液体石蜡中；银氨溶液久置后会产生爆炸性物质，因此不能长期存放；液氨和液氯接触、硝酸与松节油或高锰酸钾与甘油混合都易发生爆炸，这些物质绝对不能随意混合或放在一处。

仪器安装不正确，也会引发爆炸。在进行蒸馏或回流操作时，全套装置必须与大气相通，绝不能造成密闭体系。减压或加压操作时，应注意事先检查所用器皿的质量是否能承受体系的压力，器壁过薄或有伤痕都容易发生爆炸。

有时由于反应过于剧烈，致使某些化合物受热分解，使体系热量突增、气体体积剧烈膨胀而引起爆炸。遇此情形，可采取迅速撤离热源、降温和停止加料等措施来缓解险情。

(3) 预防中毒　化学药品大多具有不同程度的毒性。在实验室中，人体的中毒主要是通过呼吸道、皮肤渗透及误食等途径发生的。

在进行有毒或有刺激性气体产生的实验时，应在通风橱内操作或采用气体吸收装置。若不慎吸入少量氯气或溴气，可先用碳酸氢钠溶液漱口，然后吸入少量酒精蒸气，并到室外空气流通处休息。

任何药品都不得直接与手接触，取用毒性较大的化学试剂时，应戴防护眼镜和橡皮手套，洒落在桌面或地面上的药品应及时清理。所有沾染过有毒物品的器皿，实验结束后应立即进行清洗并做消毒处理。

实验室内严禁饮食。不得将烧杯做饮水杯用，也不得用餐具盛放任何药品。若误食有毒物质或溅入口中，尚未下咽者应立即吐出，再用大量水冲洗口腔；如已吞下，则需根据毒物性质进行解毒处理。

(4) 预防化学药品灼伤　许多化学药品如高浓度的硫酸、盐酸、硝酸、苯酚、溴、三氯化磷、硫化钠、氨水、强碱等都具有较强的腐蚀性，如果使用不当与皮肤直接接触，就会造成灼伤。取用这类药品时，应戴防护眼镜和橡皮手套，以防药品溅入眼内或触及皮肤。加热试管时，管口不要指向自己或他人。倾注试剂、开启盛有挥发性物质的试剂瓶和加热液体时，不要俯视容器口，以防液体（或气体）溅出（或冲出）伤人；稀释浓硫酸时应将浓硫酸缓慢注入水中，并不断搅拌。一旦因不慎发生灼伤，首先应立即用大量水冲洗；如果是酸灼伤，再用弱碱稀溶液（如1％碳酸钠溶液）洗；如果是碱灼伤，再用弱酸稀溶液（如1％的硼酸溶液）洗；溴液灼伤，用石油醚洗后，再用2％硫代硫酸钠溶液洗，最后都应再用大量水冲洗，严重者须送医院诊治。

(5) 防止玻璃割伤　玻璃仪器容易破损，在安装仪器时需特别注意保护其薄弱部位。如蒸馏烧瓶的支管和温度计的汞球等都属于易损部位，在将其插入橡胶塞孔时，应涂上少许凡士林或水，以增加润滑性。不得强行用力插入，以免仪器破裂，割伤皮肤。

切割玻璃管（棒）时，其断面应随即熔光，以防锋利的断面划伤皮肤。

发生割伤后，应先将伤口处的玻璃碎片取出，用蒸馏水清理伤口后，涂上红药水或紫药水，敷上创可贴药膏。如伤口较大或割破了主血管，则应用力按紧主血管，防止大量出血，立即送医院治疗。

（6）安全用电知识　实验室中应注意安全用电，防止由于用电不当造成人身伤害。

在使用电器设备前，应先阅读产品使用说明书，熟悉设备电源接口标志和电流、电压等指标，核对是否与电源规格相符。并检查线路、开关、地线是否安全妥当，用试电笔检查电器是否有漏电现象。

连接仪器的电线接头不能裸露，要用绝缘胶带缠扎。手湿时不能去触及电源开关，也不能用湿布去清擦电器及开关。

一旦发生触电事故，应立即切断电源，或用不导电物使触电者脱离电源，然后对其进行人工呼吸并急送医院抢救。

（7）实验室废弃物的处理　化学实验过程中产生的废气、废液和废渣等有毒、有害的废弃物，应及时进行妥善处理，以消除或减少其对环境的污染。

实验室的废气特点，一是少，二是多变。废气处理应满足两点要求：一是保持实验环境中的有害气体不超过规定的空气中有害物质的最高允许浓度；二是排出的气体不超过居民区大气中有害物质的最高允许浓度。因此必须有通风、排毒装置。

实验室排出少量毒性较小的气体，允许直接放空，被空气稀释。根据有关规定，放空管不得低于屋顶 3m。若废气量较多或毒性较大，则需通过化学方法进行处理后再放空。例如 CO_2、NO_2、SO_2、Cl_2、H_2S 等酸性废气可用碱溶液吸收，NH_3 等碱性废气可用酸溶液吸收，CO 可先点燃转变成 CO_2 后再用碱性溶液吸收等。

有毒、有害的废液和废渣不可直接倾入垃圾堆，必须经过化学处理使其转化为无害物后再行排放。例如，氯化物可用硫代硫酸钠处理，使其生成毒性较低的硫氰酸盐；含硫、磷的有机剧毒农药可先与氧化钙作用再用碱液处理，使其迅速分解失去毒性；硫酸二甲酯先用氨水再用漂白粉处理；苯胺可用盐酸或硫酸中和成盐；汞可用硫黄处理生成无毒的 HgS；含汞盐或其他重金属离子的废液中加入硫化钠，便可生成难溶性的氢氧化物、硫化物等，再将其深埋地下。

思　考　题

1. 进行化学实验时，应遵守实验室的哪些规则？
2. 实验室如何防止火灾事故的发生？
3. 怎样稀释浓硫酸才能保证安全？
4. 易燃性气体在任何浓度下与空气混合都可能爆炸吗？为什么？
5. 实验室的有毒、有害的废液和废渣怎样处理才是环保的？

课题二　化学实验基本操作技术

项目一　化学实验常用玻璃器皿的洗涤与干燥

化学实验需要使用洁净的玻璃仪器，实验前必须将有关的玻璃仪器洗涤干净。有的化学实验要求在无水条件下进行，这时还要将洗涤干净的玻璃仪器进行干燥。实验后的玻璃仪器常黏附有化学药品及其他污物，应立即进行清洗。

本项目以玻璃仪器的洗涤和烘箱的使用为例进行练习。

训练1　玻璃仪器的洗涤

一、训练内容

用毛刷将试管、小烧杯、锥形瓶及量筒洗涤干净。

想一想：
1. 常见的洗涤液有哪些？
2. 有几种常用的洗涤方法？
3. 怎样才算将玻璃仪器洗涤干净？

二、主要仪器

试管一支，50mL 烧杯、10mL（或 25mL）量筒、250mL 锥形瓶各一个，毛刷几支，洗涤液一瓶，洗瓶一个

三、操作步骤

☞ 你做好准备工作了吗？确认就开始！

1. 向试管中倒入少量的洗涤液。
2. 用试管刷刷洗试管内外壁。
3. 用自来水冲洗干净（不挂水珠）。
4. 用少量的蒸馏水将试管淋洗 2～3 次。
5. 用同样的步骤将小烧杯、锥形瓶及量筒洗涤干净。
6. 清洁整理。

四、训练评价

评价项目	评　价　标　准		得　　分
	内　　容	总扣分值	
洗涤液	洗涤液用量是否合适	15	
刷　洗	是否将各玻璃仪器的内外壁都刷洗	10	
	自来水冲洗是否干净（没有泡沫）	10	
	洗涤是否干净(不挂水珠)	15	

续表

评价项目	评价标准		得 分
	内　　容	总扣分值	
荡　洗	蒸馏水用量是否合适	15	
	荡洗次数是否合适	10	
	各玻璃仪器的内壁是否完全荡洗到	15	
清　洁	台面是否整洁	5	
整　理	仪器有无损坏	5	
合　计			

五、相关知识

1. 常见的几种洗涤液

（1）合成洗涤液　用洗衣粉或合成洗涤剂配制成一定浓度的溶液，洗涤油脂类污垢效果良好。

（2）铬酸洗涤液　将重铬酸钾研细成粉，放置于烧杯中。每 20g $K_2Cr_2O_7$ 加 40mL 蒸馏水，加热熔解。冷却后，在充分搅拌下缓缓加入 360mL 浓 H_2SO_4 至溶液呈深褐色，置于密闭容器中备用。

铬酸洗涤液具有强酸性和强氧化性，适用于洗涤无机物玷污的玻璃器皿和器壁残留的少量油污，用铬酸洗涤液浸泡沾污容器一段时间，效果更好。洗涤液失效后呈绿色，可用 $KMnO_4$ 再生。

（3）碱-乙醇洗涤液　在 120mL 水中溶解 120g 固体 NaOH，用 95% 的乙醇稀释成 1L。用于铬酸洗液无效的各种油污。但凡浓度大的碱液都能侵蚀玻璃，故不要加热和长期与玻璃器皿接触，通常贮存于塑料瓶中。

（4）有机溶剂　乙醇、苯、乙醚、丙酮、汽油、石油醚等有机溶剂均可用来洗各种油污，用酒精和乙醚等体积混合液洗涤油腻的有机物很有效，用过的废液经蒸馏回收还可再用。有机溶剂易着火，有的还有毒，使用时应注意安全。

（5）草酸洗涤液　草酸洗涤液是将 5~10g $H_2C_2O_4$ 溶于 100mL 水中，再加少量浓盐酸配成。主要用来洗涤 MnO_2 和三价铁的沾污。

2. 洗涤方法

玻璃仪器的洗涤应根据实验的目的要求、污物的性质及沾污程度，有针对性地选用洗涤液，并可采用下列洗涤方法。

（1）振荡洗涤　振荡洗涤又叫冲洗法，对于可溶性污物可用冲洗，利用水把可溶性污物溶解而去。为了加速溶解，必须振荡。往仪器中加不超过容积 1/3 的自来水，稍用力振荡后倒掉，反复冲洗数次。试管和烧瓶的振荡洗涤如图 2-1 和图 2-2 所示。

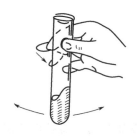

图 2-1　试管的振荡洗涤

图 2-2　烧瓶的振荡洗涤

（2）刷洗法　内壁不易冲洗掉的污垢，可用毛刷刷洗。准备一些适用于各种容量仪器的毛刷，如试管刷、烧瓶刷、烧杯刷等。用毛刷蘸洗涤液或去污粉（去污粉是由碳酸钠、白土和细沙混合而成的）对容器进行刷洗，利用毛刷对器壁的摩擦使污物去掉。对于精确量器的内壁，不能用毛刷刷洗。例如用毛刷刷洗试管的步骤如图 2-3 所示。

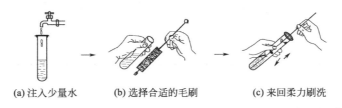

(a)注入少量水　　(b)选择合适的毛刷　　(c)来回柔力刷洗

图 2-3　用毛刷刷洗试管

（3）浸泡洗涤　又叫药剂洗涤法，利用药剂将污垢溶解或反应转化成可溶性物质而除去。对于不溶性的、用水刷洗不能去掉的污物，就要考虑用药剂或洗涤剂来洗涤。例如，用洗液洗涤，先把仪器中的水倒尽，再倒入少量铬酸洗液，使仪器倾斜并慢慢转动，让仪器内壁全部被洗液润湿，转几圈后将洗涤液倒回原处。用热溶液或浸泡一段时间效果更好。又如砂芯玻璃漏斗，对滤斗上的沉淀物选用适当的洗涤液浸泡 4～5h，再用水冲洗，抽干。

无论用哪种方法洗涤（用有机溶剂除外），最后都要用少量蒸馏水淋洗 2～3 次。玻璃仪器洗净的标志是把玻璃仪器倒置时，有均匀的水膜顺器壁流下，不挂水珠。洗涤后的玻璃仪器不能用纸或布擦拭，以免纸或布的纤维再次污染玻璃仪器。

训练 2　烘箱的使用

一、训练内容

正确地使用烘箱。

想一想：

1. 你了解烘箱的结构吗？

2. 怎样使用烘箱？

3. 你知道安全用电吗？

二、主要仪器

烘箱一台，试管、小烧杯、锥形瓶各一个（训练 1 中已洗涤干净）

三、操作步骤

☞ 你做好准备工作了吗？确认就开始！

1. 对照说明书，了解烘箱的结构。

2. 检查烘箱的电源是否接好。

3. 将已洗净的玻璃仪器倒置沥水后，放入烘箱内。

4. 将控温器旋钮旋至合适的位置。

5. 打开鼓风开关，打开加热开关。

6. 认真观察，当温度升至约 105℃（从箱顶温度计上观察）时，将控温器旋钮逆时针慢慢旋回至指示灯熄灭，再仔细微调至指示灯复亮，指示灯明暗交替处即为所控温度的恒定点。

7. 将烘箱温度恒温在 105～110℃ 之间。

8. 恒温约 30min 后，停止通电（此时已将玻璃仪器烘干）。

四、训练评价

评价项目	评价标准		得　分
	内　容	总扣分值	
准　备	对烘箱的各部件是否熟悉	15	
	是否检查了烘箱的电源	10	
玻璃仪器	是否倒置沥干水	10	
	放入烘箱工作室的方法是否正确	10	
恒　温	打开鼓风及加热开关是否合适	15	
	控温器旋钮所旋位置是否合适	15	
	能否将温度恒定在 105～110℃ 之间	15	
清洁整理	台面是否整洁	5	
	仪器有无损坏	5	
合　计			

五、相关知识

电热恒温干燥箱又叫电热鼓风干燥箱，简称烘箱。如图 2-4 所示，箱的外壳是由薄钢板制成的方形隔热箱。内腔叫工作室，室内有几层孔状或网状隔板，用来搁放被干燥物品。箱底有进气孔，顶上有可调节孔径的排气孔，排气孔中央插入温度计以指示箱内温度。箱门有两道，里道是高温而不易破碎的钢化玻璃，外道是具有绝热层的金属隔热门。箱侧装有温度控制器、指示灯、鼓风用的电动机、电热开关及电器线路等部件。

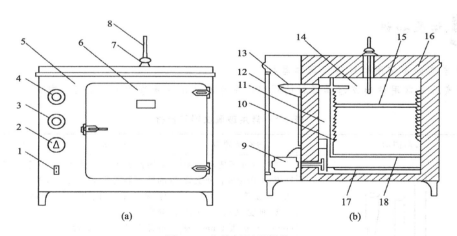

图 2-4　电热恒温干燥箱

1—鼓风开关；2—加热开关；3—指示灯；4—恒温器旋钮；5—箱体；6—箱门；
7—排气阀；8—温度计；9—鼓风电动机；10—隔板支架；11—风道；
12—侧门；13—温度控制器；14—工作室；15—试样隔板；
16—保温层；17—电热器；18—散热板

烘箱的热源是外露式电热丝，装在瓷盘中或绕在瓷管上，固定于箱底夹层中。大型烘箱电热丝分两大组，一组是由温度控制器控制的恒温电热丝，是烘箱的主发热体；另一组为辅助电热丝，直接与电源相连，是辅助发热体，使烘箱短时间升温到120℃以上的辅助加热。两组电热丝合并在转换开关旋钮上，常见的是四挡旋钮开关，旋钮指"零"干燥箱断电不工作；指"1"挡和"2"挡时恒温加热系统工作；指"3"挡和"4"挡时恒温系统和辅助加热系统一起工作。有的烘箱只分成"预热"和"恒温"两挡，还有的分3挡。

烘箱常用温度是100～150℃，在50～300℃可任意选定温度。烘箱的型号不同，升温、恒温的操作方法及指示灯的颜色亦有差异，使用前要熟读随箱所带的说明书，按说明书要求进行操作。使用如图2-4所示的电热鼓风干燥箱时，应先接上电源，然后开启两组加热开关，将控温器旋钮由"0"位顺时针旋至适当指数处（不表示温度），箱内开始升温，指示灯发亮，同时开动鼓风机。当温度升至所需工作温度（从箱顶温度计上观察）时，将控温器旋钮逆时针慢慢旋回至指示灯熄灭，再仔细微调至指示灯复亮，指示灯明暗交替处即为所控温度的恒温点。恒温时可关闭辅助电热丝加热开关，以免加热功率过大，影响温度控制的灵敏度。

使用烘箱时注意：

① 烘箱应安装在室内通风、干燥、水平处，防止震动和腐蚀。

② 根据烘箱的功率、所需电源电压，配置合适的插头、插座和保险丝，并接好地线。

③ 往烘箱放入欲干燥的玻璃仪器，应先尽量把水沥干，口朝下。在烘箱下层放一搪瓷盘承接从仪器上滴下的水，防止水滴到电热丝上。

④ 先打开箱顶的排气孔，再接上电源。升温、恒温干燥完成后，取出仪器时要防止烫伤，仪器在空气中冷却时，要防止水汽在器壁上冷凝。必要时可移入干燥器内存放。

⑤ 易燃、易挥发、有腐蚀性物质不能进入烘箱，以免发生火灾和爆炸等事故。

⑥ 保持箱内清洁，不得放入其他杂物，更不能放入饮食加热或烘烤。

⑦ 升温阶段不能无人照看，以免温度过高，导致被烘干物品损坏或水银温度计炸裂。

 拓展知识

1. 化学实验室常用的玻璃仪器和器材

化学实验室常用玻璃仪器和器材的规格、用途及使用注意事项列于表2-1中。

表2-1　常用玻璃仪器和器材

仪器图示	分类及规格	一般用途	备　注
试管与试管架	按材料分硬质和软质试管；按用途分普通试管和离心试管 无刻度试管以直径（mm）×长度（mm）表示；有刻度试管以容积（mL）表示 试管架有木质、有机玻璃和金属制品等之分	普通试管用作少量试剂的反应器或收集少量气体；离心试管用于沉淀的分离 试管架用于承放试管	普通试管可直接加热，离心试管只能用水浴加热

仪器图示	分类及规格	一般用途	备　注
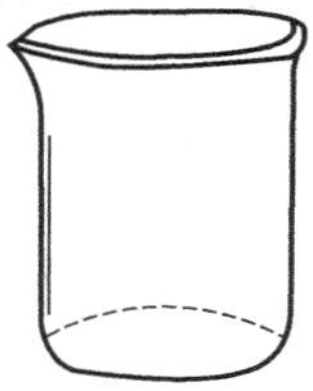 烧杯	有一般型和高型、有刻度和无刻度等几种规格以容积(mL)表示	用于溶解固体、配制溶液、加热或浓缩溶液等	可放在石棉网上直接加热
 锥形瓶	有具塞、无塞等种类规格以容积(mL)表示	用于贮存液体、混合溶液,在滴定分析中用作滴定反应器	可放在石棉网上直接加热
 碘量瓶	具有配套的磨口塞规格以容积(mL)表示	与锥形瓶相同,可用于防止液体挥发和固体升华的实验	与锥形瓶相同
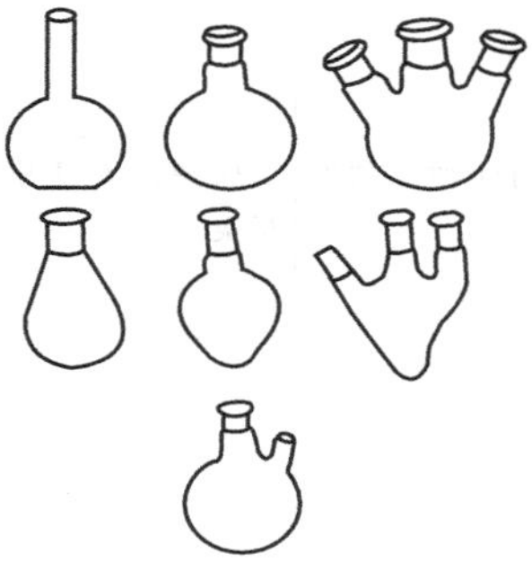 烧瓶	有平底、圆底,长颈、短颈,细口、磨口,二口、三口等种类规格以容积(mL)表示	在常温和加热条件下作反应器多口的可装配温度计、搅拌器、冷凝管等	加热要固定在铁架台上,下垫石棉网平底烧瓶不能用于减压蒸馏
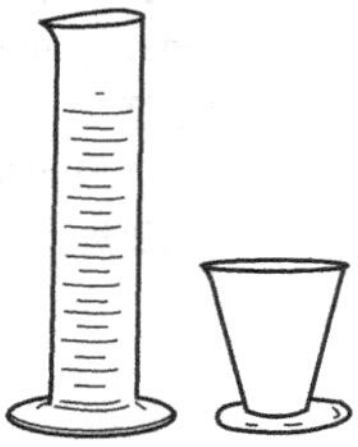 量筒和量杯	上下一样大小的叫量筒;上口大下部小的叫量杯。有具塞、无塞等规格以能量度的最大容积(mL)表示	量取一定体积的液体	不能加热,不能作为反应器

续表

仪器图示	分类及规格	一般用途	备 注
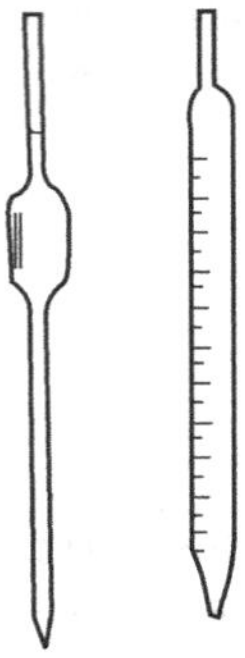 吸管	吸管又叫吸量管,有分刻度线直形管和单刻度线大肚形两种 规格以能量度的最大容积(mL)表示	用于准确量取一定体积的液体	不能加热
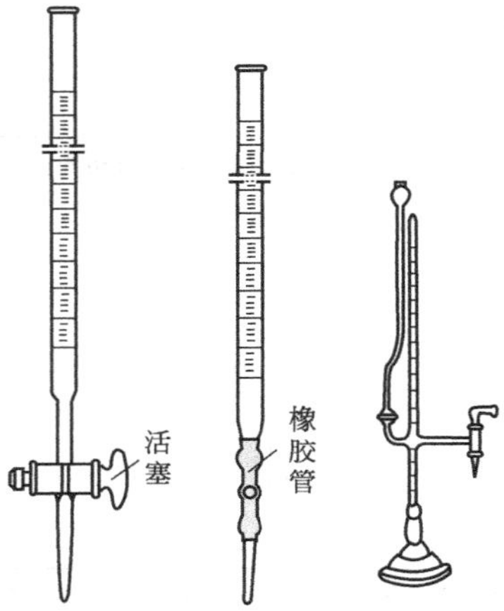 酸式滴定管 碱式滴定管 微量滴定管 活塞 橡胶管	具有玻璃活塞的为酸式滴定管,具有橡皮管的为碱式滴定管。用聚四氟乙烯制成的则无酸碱之分 规格以刻度线所示最大容积(mL)表示 还有微量滴定管	用于滴定分析中准确测量溶液的体积	酸式滴定管的活塞不能互换,不能盛放碱溶液
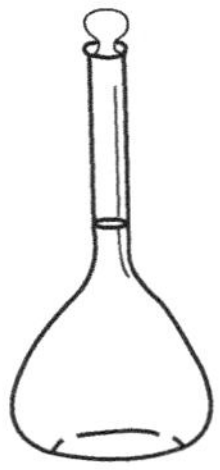 容量瓶	塞子是磨口塞,也有用塑料塞的。有量入式和量出式之分 规格以刻度线所示的容积(mL)表示	用于配制准确浓度的溶液	瓶塞配套使用,不能互换
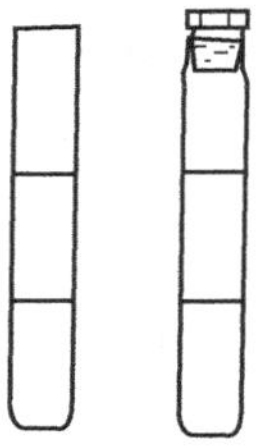 比色管	用无色优质玻璃制成 规格以环线刻度所示容积(mL)表示	用于盛装溶液进行比色分析	比色时必须选用质量和规格相同的一套比色管 不能用毛刷擦洗,不能加热

续表

仪器图示	分类及规格	一般用途	备　注
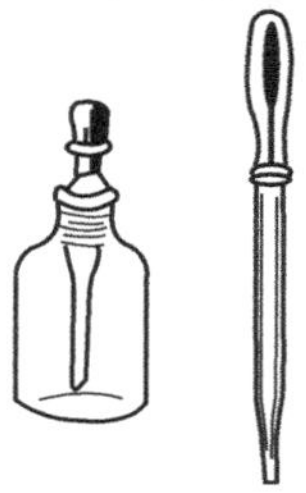 滴瓶　滴管	滴瓶有无色、棕色两种,滴管上配有橡皮的胶帽 规格以容积(mL)表示	滴瓶用于盛放少量液体试剂 滴管用于取用少量液体试剂	滴管专用。不能倒置,应保证液体不进入胶帽
 试剂瓶	有广口、细口,磨口、非磨口,无色、棕色等种类 规格以容积(mL)表示	广口瓶用于盛放固体试剂 细口瓶用于盛放液体试剂 棕色瓶用于盛放见光易分解的试剂	不能加热;试剂瓶上标签必须保持完好;倾倒液体时标签要向着手心
 称量瓶	分扁型、高型两种 规格以外径(cm)×高(cm)表示	在定量分析中,用于盛放被称量的试剂或试样	不能加热;盖子不能互换;不用时洗净,在磨口处垫上纸条
 洗瓶	有玻璃瓶和塑料瓶两种 规格以容积(mL)表示	用于洗涤沉淀和容器内壁	不能装自来水
 表面皿	规格以直径(cm)表示	用来盖在烧杯或蒸发皿上,防止液体溅出或落入灰尘。也可以用作称取固体试剂的容器	不能用火直接加热
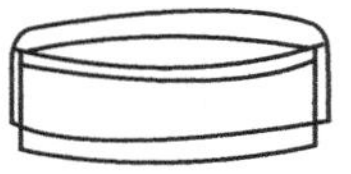 培养皿	规格以玻璃底盖外径(cm)表示	存放固体药品 作菌种培养繁殖用	不能用火直接加热

续表

仪器图示	分类及规格	一般用途	备　注
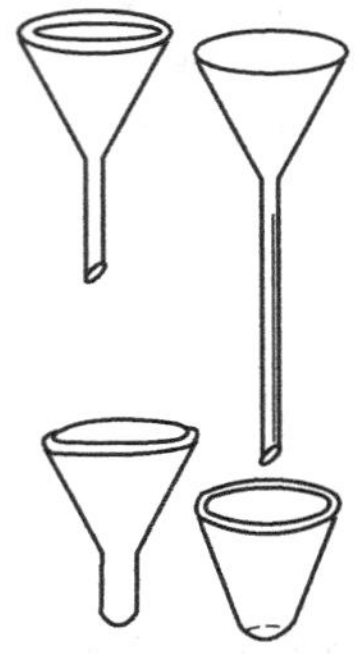 漏斗	有短颈、长颈、粗颈、无颈等种类 规格以漏斗径（mm）表示	用于普通过滤或将液体倾入小口容器中	不能用火直接加热
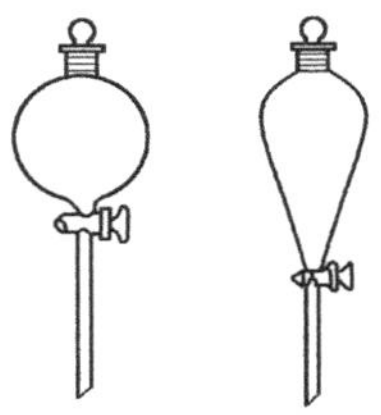 分液漏斗	有球形、梨形、筒形和锥形等类 规格以容积(mL)表示	用于液体的洗涤、萃取和分离。有时也可用于滴加液体	不能用火直接加热，活塞不能互换
 吸滤瓶 布氏漏斗	布氏漏斗有磁制或玻璃制品，规格以直径（cm）表示 吸滤瓶以容积(mL)表示大小	用于减压过滤	不能用火直接加热
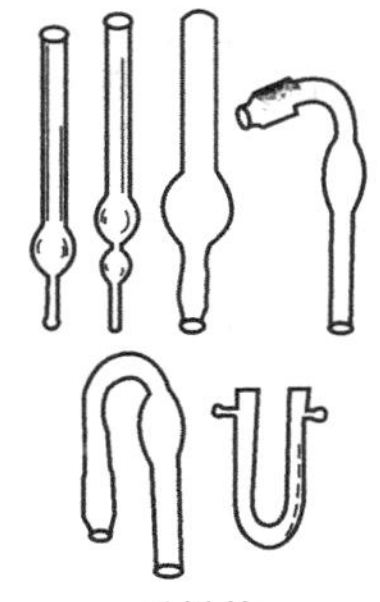 干燥管	有直形、弯形和 U 形等形状 规格按大小区分	盛干燥剂干燥气体，用于无水反应装置中	干燥剂置于球形部分，U 形的置于管中，在干燥剂表面放棉花填充
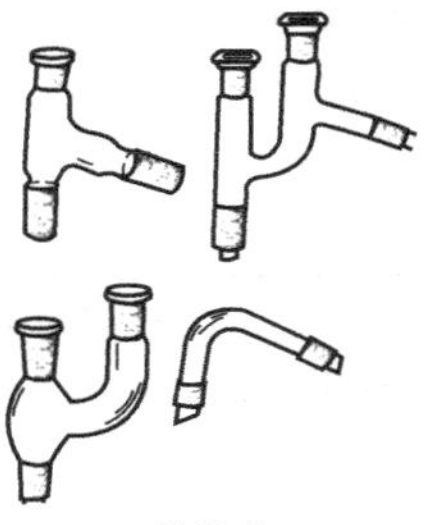 蒸馏头	标准磨口仪器	与烧瓶等组装后用于蒸馏	磨口处必须洁净，不得有脏物，用后立即洗净，注意不要使磨口黏结而无法拆开

续表

仪器图示	分类及规格	一般用途	备　注
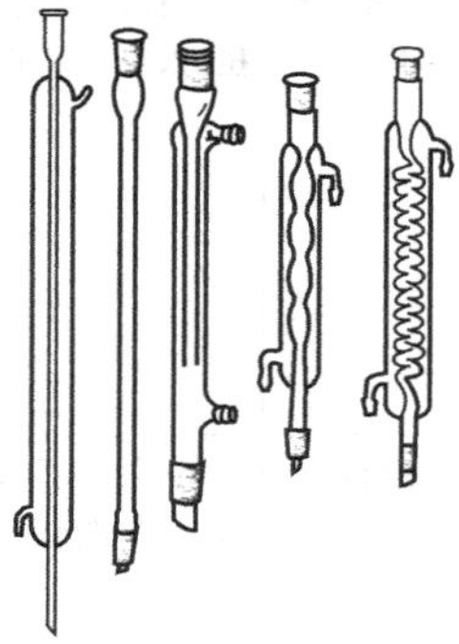 冷凝管	有直形、球形、蛇形和空气冷凝管等，还有标准磨口的冷凝管 以外套管的长度(cm)表示其大小	冷凝管用于蒸馏及回流装置中	普通蒸馏常用直形冷凝管；回流常用球形冷凝管；沸点高于140℃时常用空气冷凝管；沸点很低时用蛇形冷凝管
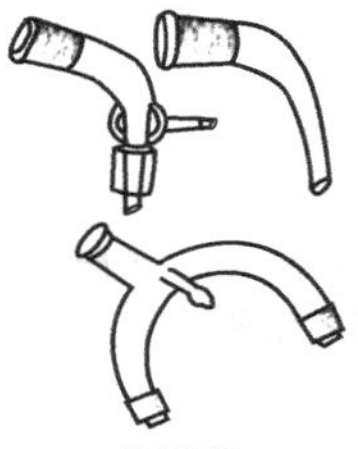 接液管	标准磨口仪器，也有非磨口的，分单尾和双尾两种	承接蒸馏出来的冷凝液体	同蒸馏头
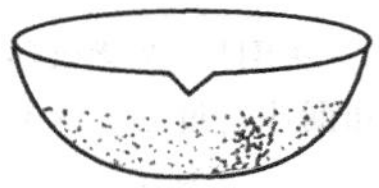 蒸发皿	有瓷、石英及铂等制品 以上口直径(mm)或容积(mL)表示大小	用于蒸发或浓缩溶液，也可用于灼烧固体	能耐高温，但不宜骤冷
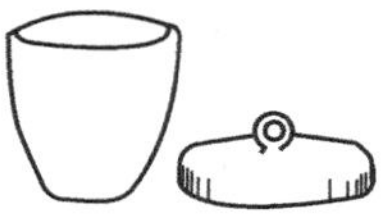 坩埚	有瓷、石墨、铁、镍及铂等材料制品 以容积(mL)表示大小	用于熔融或灼烧固体	能耐高温，可直接用火加热，但不宜骤冷
 坩埚钳	铁或铜合金制成，表面镀铬	用于夹持受热的坩埚或蒸发皿	必须先预热再夹取
 水浴锅	有铜、铝等材料制品	用作水浴加热	可加热
 研钵	有玻璃、瓷及玛瑙等材料制品 以口径（mm）表示大小	用于混合、研磨固体物质	不能加热

续表

仪器图示	分类及规格	一般用途	备　注
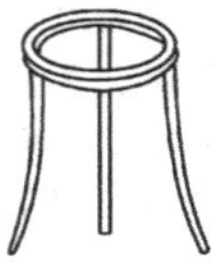 三脚架 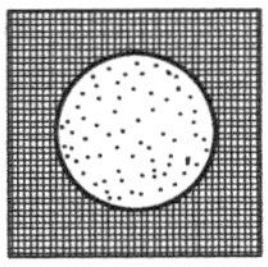　石棉网	三脚架为铁制品,有大、小,高、低之分 石棉网由铁丝编成,涂上石棉层,有大、小之分	常配合使用,承放受热容器并使其受热均匀	石棉网不能水浸或扭拉,以免损坏石棉
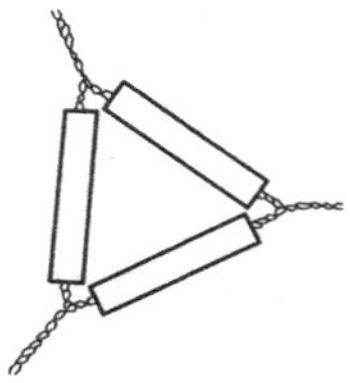 泥三角	由铁丝编成,上套耐热瓷管,有大、小之分	用于承放直接加热的坩埚或蒸发皿	灼烧后不要滴上冷水,保护瓷管
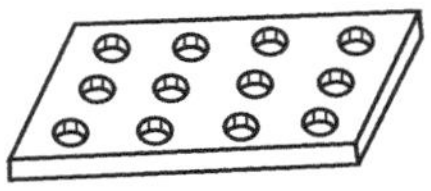 点滴板	上釉瓷板,分黑、白两种	在凹槽中进行点滴反应,观察沉淀生成或颜色变化	不能加热
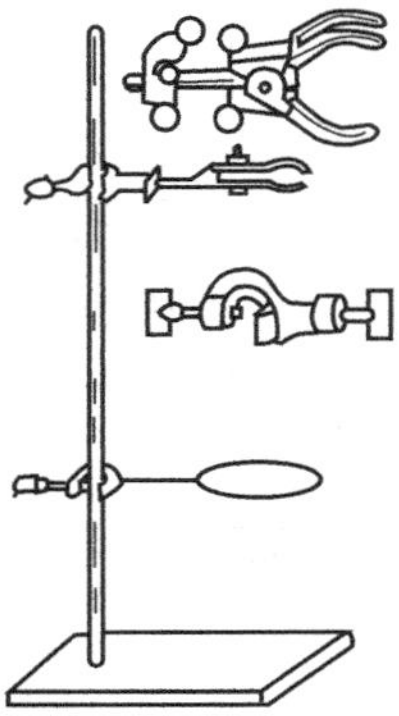 铁架台、铁圈及铁夹	铁架台用高度(cm)表示 铁圈以直径(cm)表示 铁夹又称自由夹,有十字夹、双钳、三钳和四钳等类型	用于固定仪器。铁圈还可以承放容器和漏斗	夹持仪器不宜过紧或过松,以仪器不转动为宜
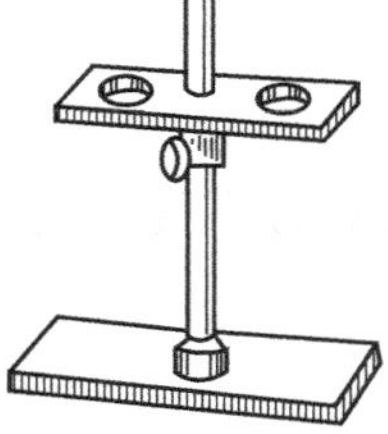 漏斗架	木制,用螺丝可调节固定上板的位置	用于过滤时承放漏斗	

仪器图示	分类及规格	一般用途	备　注
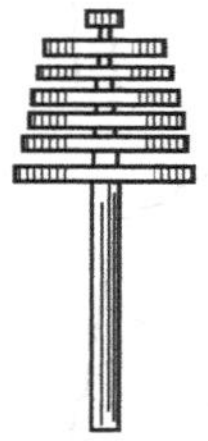 钻孔器	铁或钢制品,表面镀铬	用于塞子打孔	
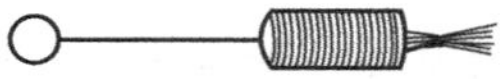 毛刷	规格以大小和用途表示,如试管刷、烧杯刷等	用于洗刷玻璃仪器	顶部毛脱落后便不能使用
 药匙	由骨、塑料、不锈钢等材料制成	用于取固体试剂	用完洗净擦干后才能取另一种药品
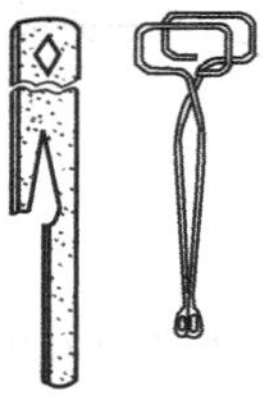 试管夹	用木或钢丝制成	用于夹持试管	使用时,不能将拇指按在试管夹的活动部位
 弹簧夹　螺旋夹	有铁、钢制品,常用的有弹簧夹、螺旋夹两种	用于夹在胶管上控制液体通路	

2. 玻璃器皿的干燥

有些化学实验要求在无水条件下进行,这就要求把洗净的玻璃仪器进行干燥。干燥除水常用如下方法。

(1) 自然干燥　对于不需急用的仪器,可在洗净后,倒置在仪器架上,自然晾干。

(2) 烘烤干燥　对于可直接加热的玻璃仪器,如试管、烧杯、烧瓶等,可先将仪器外壁擦干,然后用小火烘烤,如图2-5所示。试管可用试管夹夹住,在灯焰上来回移动烘烤,保持试管口低于管底,直至不见水珠后再将管口向上赶尽水汽,如图2-6所示。

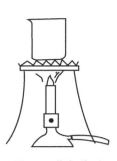

图 2-5 烧杯烤干

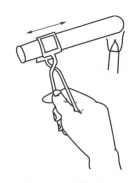

图 2-6 试管烤干

（3）吹干 利用电吹风机的热空气可将急用的小件玻璃仪器快速吹干。其方法是先吹热风，再吹冷风，如图 2-7 所示。

使用气流干燥器也能使玻璃仪器快速干燥。将仪器倒置在气流干燥器的气孔柱上，打开干燥器的热风开关，气孔中吹出的热气流把仪器烘干，如图 2-8 所示。

图 2-7 吹干　　　　图 2-8 气流干燥器　　　　图 2-9 快干（有机溶剂法）

（4）有机溶剂干燥 对于一些不能加热的厚壁仪器如试剂瓶、比色皿和称量瓶等，或有精密刻度的仪器如容量瓶、滴定管和吸管等，可加入少量易挥发且与水互溶的有机溶剂（如乙醇、丙酮等），转动仪器使溶剂将内壁润湿后倒出（溶剂要回收），借残余溶剂的挥发把水分带走。如图 2-9 所示。

（5）烘箱干燥 烘箱是实验室中干燥玻璃仪器和化学试剂的常用设备，将洗净的玻璃仪器倒置沥水后，放入烘箱内，在 $105 \sim 110 ℃$ 恒温约 0.5h 即可烘干。

思 考 题

1. 玻璃仪器洗干净的标志是什么？
2. 清洗干净的玻璃仪器用纸或干布擦拭可以吗？为什么？
3. 量筒和吸量管可以在烘箱内烘干吗？为什么？
4. 使用烘箱要注意哪些事项？

项目二　试剂的称量与取用

在化学实验中，经常需要测量实验中用到的有关试剂的质量。（质量是物体所含物质的多少，其大小由组成物体的物质种类和物体的体积决定。）天平是称量（物体）质量的工具，其中分析天平是准确称量的精密仪器，而对于称量精确度要求不高的实验，可用托盘天平（又叫台秤）进行称量，一般能称准至 0.1g。

取用化学试剂时，必须先核对试剂瓶标签上的试剂名称、规格及浓度等，准确无误方可取用。打开瓶塞后应将其倒置在桌面上，不能横放，以免受到污染。取完试剂后，应立即盖好瓶塞（绝对不能盖错!），并将试剂瓶放回原处，注意标签应朝外放置。

本项目以固体试剂的称量和取用及从滴液瓶中取用液体试剂为例进行练习。

训练1 固体试剂的称量

一、训练内容

用托盘天平称取 1.8～2.0g Na_2CO_3。

想一想:

1. 你了解托盘天平的构造吗?

2. 你会使用托盘天平吗?

3. 怎样正确记录数据?

二、主要仪器和试剂

托盘天平一台、50mL 小烧杯（洁净干燥）一支、药匙一支、擦纸若干、回收瓶一个

Na_2CO_3

三、操作步骤

☞ 你做好准备工作了吗? 确认就开始!

1. 用擦纸将两个秤盘擦干净。

2. 调节零点。

3. 先称出小烧杯的质量。

4. 在小烧杯中加入要求质量范围的 Na_2CO_3，称量。

5. 读数、记录。

6. 回收整理。

四、数据记录和处理

小烧杯的质量：_____ g

小烧杯＋称量物的质量：_____ g

称量物的质量：_____ g

五、训练评价

评价项目	评 价 标 准		得 分
	内　　容	总扣分值	
称量准备	是否用擦纸擦秤盘	5	
	调零操作是否正确	5	
称　量	样品、砝码是否放对秤盘	10	
	是否直接用手取放砝码	10	
	加码顺序是否正确	10	
	停点与零点的位置是否一致	10	

续表

评价项目	评价标准		得　分
	内　　容	总扣分值	
称　量	读数是否正确	10	
	称量的质量是否符合要求	10	
数据记录	数据记录是否完整	10	
	有效数字是否正确	5	
清洁整理	两称量盘是否重叠放在一侧	5	
	是否回收称量物	5	
	仪器有无损坏	5	
合　计			

六、相关知识

1. 托盘天平的构造

常用的托盘天平有游码天平（见图 2-10）和快速架盘天平（见图 2-11）。

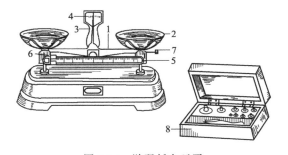 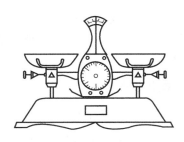

图 2-10　游码托盘天平　　　　　　图 2-11　快速架盘天平

1—横梁；2—秤盘；3—指针；4—刻度盘；

5—游码标尺；6—游码；7—调零螺丝；8—砝码盒

　　二者构造类似，都是由一根横梁架在底座上，横梁的左右各有一个秤盘，横梁的中部有指针与刻度盘相对，根据指针在刻度盘左右摆动的情况可以看出托盘天平是否处于平衡状态。游码天平和快速架盘天平都附有砝码盒，内盛各种不同质量的砝码和夹取砝码的镊子。游码天平上带有游码标尺，快速架盘天平则以刻度盘代替游码标尺，用来称量质量为 10g 以内的物品。

　　2. 托盘天平的使用方法（以游码天平为例）

　　（1）调节零点　使用游码天平前，先将游码拨到游码标尺的"0"刻度处，检查天平的指针是否停止在刻度盘的中间位置。如果不在中间位置，可通过调节托盘下面的调零螺丝（见图 2-12），使指针停在刻度盘中央（或在刻度盘中间左右摆动的距离相等）时，则天平处于平衡状态，此时指针停指的刻度盘中间位置称为天平的零点。

　　（2）称量物品　称量物品时，应将被称量物放在天平的左盘中，砝码放在右盘中（见图 2-13）。砝码要用镊子夹取，先加大砝码，后加小砝码，最后用游码调节，直到指针停在刻度盘中央位置（或左右摆动距离相等）时为止。这时天平处于平衡状态，其指针所停的位置叫做天平的停点，停点与零点应基本相符（停点和零点之间允许有一小格的偏差）。记下砝码质量和游码在标尺上的数值，两者相加即为所称量物品的质量。称量完毕，将砝码放回砝码盒中，游码退到标尺的"0"刻度处，取下被称物品，将两秤盘叠放在一侧，以免天平摆动。

　　3. 注意事项

图 2-12 调节托盘天平的零点

图 2-13 左盘放被称物

① 不能称量热的物品。

② 被称量物不能直接放在秤盘上，根据实际情况，酌情选用称量纸、洁净干燥的表面皿或烧杯等容器来盛放。

③ 不能用手直接拿取砝码，必须用镊子夹取。

④ 砝码只允许放在砝码盒里或秤盘上。

训练 2 固体试剂的取用

一、训练内容

用药匙从广口瓶中取少量的 Na_2CO_3 于试管中。

想一想：

1. 取用固体试剂有哪些方法？

2. 取用固体试剂要注意哪些事项？

二、主要仪器和试剂

试管（洁净）一支、药匙一支、洗涤液一个、洗瓶一个、回收瓶一个、小方块滤纸若干 Na_2CO_3（装于广口瓶中）

三、操作步骤

☞ 你做好准备工作了吗？确认就开始！

1. 用洗涤液将药匙洗涤干净，再用蒸馏水淋洗、用滤纸擦干。

2. 用药匙从广口瓶中取出少量（黄豆粒大小）的 Na_2CO_3。

3. 正确放入一洁净的试管中。

4. 回收称量物。

5. 清洁整理。

四、训练评价

评价项目	评 价 标 准		得　分
	内　容	总扣分值	
洗　涤	是否正确洗涤药匙	15	

续表

评价项目	评价标准		得分
	内 容	总扣分值	
取 样	取用样品量是否合适	15	
	广口瓶盖放置是否正确	10	
	取样完毕广口瓶（盖好瓶盖）是否放回原处	10	
加 样	样品加入试管的方法是否正确	15	
	是否有样品撒落	15	
	取样完毕试剂是否回收	10	
清洁整理	台面是否整洁	5	
	仪器有无损坏	5	
合 计			

五、相关知识

关于固体试剂的取用，应注意以上事项：

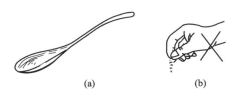

图 2-14　用药匙取试剂

① 固体试剂通常盛放在便于取用的广口瓶中。取用固体试剂要用洁净干燥的药匙，一种是匙状的牛角勺；另一种是两端分别有大小两个匙，取较多试剂使用大匙一端，取少量试剂或所取试剂欲加入到较小口径的试管中时，则用小匙一端。用过的药匙必须洗净干燥后存放在洁净的器皿中。任何化学试剂都不得用手直接取用（见图 2-14）。

② 取用试剂时，不要超过指定用量，多取的试剂不能倒回原瓶，可以放入指定容器中留作他用。

③ 取用一定质量的试剂时，把固体试剂放在称量纸上称量。具有腐蚀性或易潮解的固体应放在表面皿上或玻璃容器内称量。

④ 往试管（特别是湿试管）中加入粉末状固体时，可用药匙或将试剂放在对折的纸槽中，伸入平放的试管中约 2/3 处，然后竖直试管，使试剂落入试管底部（见图 2-15）。

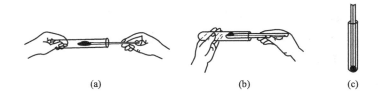

图 2-15　向试管中加入粉末状固体试剂

⑤ 向试管中加入块状固体时，应将试管倾斜，使其沿管壁缓慢滑下。不得垂直悬空投入，以免击破管底（见图 2-16）。

⑥ 固体的颗粒较大时，可在洁净干燥的研钵中研磨后再取用（见图 2-17）。

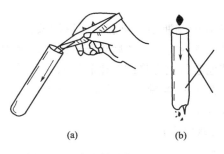

图 2-16　向试管中加入块状固体

图 2-17　研磨固体

⑦ 有毒药品必须在教师指导下取用。

训练 3　从滴液瓶中取用液体试剂

一、训练内容

从滴液瓶中取少量的液体于试管中。

想一想：

1. 你了解滴液瓶的使用吗？

2. 如何将滴管中的液体滴入试管中？

3. 1mL 液体约有多少滴？

二、主要仪器和试剂

试管（洁净）一支

$0.1mol \cdot L^{-1}$ HCl 溶液（装于滴液瓶中）

三、操作步骤

☞ 你做好准备工作了吗？确认就开始！

1. 从滴液瓶中吸取一滴管 HCl 溶液。

2. 正确滴入约 1mL 于洁净的试管中。

3. 清洁整理。

四、训练评价

评价项目	评价标准		得　分
	内　容	总扣分值	
吸　液	挤出胶帽中气体时滴管口是否离开液面	10	
	滴管盛液是否倒置	5	
加　液	滴管是否伸入试管中	15	
	取用溶液量是否合适	15	
	是否有液体洒落	15	
	取样完毕滴液瓶是否放回原处	15	
	滴管是否充有试液放置	15	
清洁整理	台面是否整洁	5	
	仪器有无损坏	5	
合　计			

五、相关知识

液体试剂和配制的溶液通常放在细口瓶或带有滴管的滴瓶中。从滴瓶中取用液体试剂时，先提起滴管，使管口离开液面，再用手指紧捏胶帽排出管内空气。然后将滴管插入试液中，放松手指吸入试剂，再提起滴管，垂直放在试管口或其他容器上方将试剂逐滴加入（见图 2-18）。

有些实验试剂加入量不必十分准确，要学会估计液体量，一般滴管 20～25 滴约为 1mL。若 10mL 的试管中试液约占 1/5，则试液约为 2mL。

从滴管中取用液体试剂时，应注意避免出现下列错误操作：

① 将滴管伸入试管内滴加试剂 ［见图 2-19(a)］；
② 滴管用后放在桌面或他处 ［见图 2-19(b)］；
③ 滴管盛液倒置 ［见图 2-19(c)］；
④ 滴管充满试液放置 ［见图 2-19(d)］。

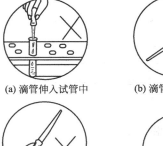

(a) 滴管伸入试管中　　(b) 滴管用后未放入瓶中

(c) 滴管盛液倒置　　(d) 滴管充满试液放置

图 2-18　用滴管滴加试剂　　图 2-19　使用滴管的错误操作

向试管中滴加试液时，滴管只能接近试管口，不能远离或伸入试管口内。远离容易将试液滴落到试管外部，伸入试管口内则容易沾污滴管，使滴液瓶内试剂受到污染。

滴瓶上的滴管只能配套专用，不能随意互换。使用后应立即放回原瓶中，不可放在桌面或他处，以免沾污或拿错。

用滴管吸取试液后，应始终保持胶帽朝上，不能平持或斜持，以防止试液流入胶帽中，腐蚀胶帽并污染试剂。

滴管用后，应将剩余试剂挤回滴瓶中。注意不能捏着胶帽将滴管放回滴瓶，以免其中充满试液。

 拓展知识

1. 从细口瓶中取用液体试剂

从细口瓶中取用液体试剂时采用倾注法。先将瓶塞取下倒置在桌面上，再把试剂瓶贴有标签的一面握在手心中，然后逐渐倾斜瓶子让试剂沿试管内壁流下，或沿玻璃棒注入烧杯中（见图 2-20）。取足所需要量后，应将试剂瓶口在试管口或玻璃棒上靠一下，再逐渐竖起，以免遗留在试剂瓶口的液滴流到瓶的外壁上（见图 2-21）。应注意绝对不能悬空向容器中倾倒液体试剂或使瓶塞底部直接与桌面接触（见图2-22）。

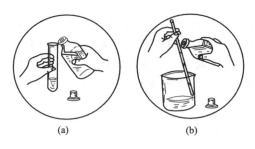 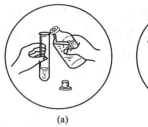 

图 2-20　倾注法　　　　　　　　图 2-21　最后瓶口靠一下

 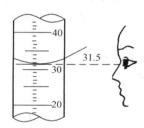

图 2-22　悬空而倒，瓶塞沾桌　　　图 2-23　对量筒内无色透明液体体积读数

2. 用量筒（或量杯）定量取用试剂

当需要量取一定体积的液体试剂时，可根据试剂用量不同选用适当容量的量筒（或量杯）。对量筒（杯）内液体体积读数时，视线一定要平视，偏高或偏低都会造成较大的误差。对于润湿玻璃的无色透明液体，读数时，视线要与凹液面下部最低点相切（见图2-23）；对于润湿玻璃的有色不透明液体，读数时，视线要与凹液面上缘相切；对于水银或其他不润湿玻璃的液体，读数时则需要看液面的最高点。

3. 正确做好实验记录

实验过程中各种测量数据及有关实验现象应及时、准确、详实地记录下来，切忌掺杂主观因素，更不能随意拼凑和伪造数据。原始记录是化学实验原始情况的记载，为确保记录真实可靠，实验者应用实验原始记录本，并按顺序编排页码，不能随便撕去。实验过程原始记录的基本要求如下。

① 用钢笔或圆珠笔填写，记录文字应清晰工整，记录数据应尽量采用一定的表格。

② 实验过程中涉及的各种特殊仪器的型号和标准溶液的浓度等应及时记录下来。

③ 记录实验过程中的测量数据，应注意有效数字的位数，即只保留最后一位可疑数字。如常用的几个重要物理量的测量误差一般为：质量，$\pm0.0001g$（万分之一天平）；溶液，$\pm0.01mL$（滴定管、容量瓶、吸量管）；pH，±0.01；电位，$\pm0.0001V$；吸光度，±0.001等。测量仪器不同，测量误差也可能不同，因此应根据具体实验情况及测量仪器的精度正确记录测量数据。

表示精密度时，通常只取一位有效数字；只有测定次数很多时，方可取两位且最多取两位有效数字。

④ 原始数据不准随意涂改，不能缺页。在实验过程中，如发现数据算错、记错或测量错误

需要改动时，可将该数据用一横线划去，并在其上方写上正确数字。

4. 有效数字

一个有效的测量数据，既要能表示出测量值的大小，又能表示出测量的准确度。例如，用精确度为万分之一克的分析天平（其称量误差为±0.0001g）称得某份试样的质量为0.4850g，则该数值中"0.485"是准确的，其最后一位数字"0"是可疑的，可能有正负一个单位的误差，该试样的质量实际是在（0.4850±0.0001）g之间的某一个值。即称量的绝对误差是±0.0001g，相对误差为：

$$\frac{\pm 0.0001}{0.4850} \times 100\% = \pm 0.02\%$$

若上述称量把结果记为0.485g，则表示该份试样实际质量在（0.485±0.001）g之间，即绝对误差为±0.001g，而相对误差则为±0.2%。由此可见，在记录实验结果时，小数点后末位的"0"写与不写对于测量结果的精确度的影响是很大的。有效数字是指在测量中实际能测量到的数字，在记录一个测量数据时所保留的有效数字中只有最后一位是不确定的。有效数字是由全部确定数字和一位不确定数字构成的。上述称量结果0.4850g为四位有效数字。类似的例子还有：

配合物的稳定常数	4.80×10^{10}	三位有效数字
溶液的浓度	$0.1010 \text{mol} \cdot \text{L}^{-1}$	四位有效数字
	$0.2 \text{mol} \cdot \text{L}^{-1}$	一位有效数字
溶液的体积	35mL	两位有效数字
	25.78mL	四位有效数字
质量分数	56.08%	四位有效数字
pH	10.03	两位有效数字

关于有效数字的确定，需注意以下事项。

① 含有对数的有效数字位数的确定，取决于小数部分数字的位数，整数部分只说明这个数的方次。如上述pH=10.03的溶液，$[\text{H}^+]=9.3 \times 10^{-11} \text{mol} \cdot \text{L}^{-1}$，有两位有效数字。

② 有效数字中的"0"有不同的意义：

a. "0"在第一个非零数字前，仅起定位作用，"0"本身不是有效数字。如0.556，有三位有效数字；0.05，有一位有效数字。

b. "0"在非零数字后，则是有效数字。如205.8，有四位有效数字；28.00，有四位有效数字；0.0080，有两位有效数字。

c. 以"0"结尾的正整数，其有效数字的位数不确定。如26000，可能是两位、三位、四位，甚至是五位有效数字。这种数值应根据有效数字的位数情况，用科学记数法改写成10的整数次幂来表示。若是两位有效数字，则写成2.6×10^4；若是三位，则写成2.60×10^4；若是四位，则写成2.600×10^4。

d. 对于计算公式中的自然数，如测定次数$n=4$、化学反应计量系数2和3以及π、e等常数均不是测量所得，可视为无穷多位有效数字。

e. 若某一数据的第一位有效数字等于或大于8，则有效数字的位数可多算一位，如0.0896、0.0940可视为四位有效数字。

思　考　题

1. 实验中使用的托盘天平的称量精确度是多少？

2. 什么叫托盘天平的停点？停点和零点之间允许有多大的偏差？

3. 原始记录有哪些基本要求？

4. "0" 在有效数字中有什么特殊意义？

5. 下列各数的有效数字有几位？

(1) 0.025　　(2) 3.60×10^6　　(3) 47.50%　　(4) 0.0985

(5) 0.0120　　(6) 450000　　(7) pH=3.72　　(8) 1.3460

6. 如何取用固体试剂？用剩的化学试剂倒回原瓶可以吗？为什么？

7. 用倾注法从细口瓶中取用液体试剂时，为什么要将标签一侧握在手心中？

8. 吸有液体的滴管倒置时会产生哪些不良后果？

9. 对量筒中的无色透明液体和有色液体的体积读数时，视线部位有什么区别？

项目三　加热与冷却

在化学实验中，许多物质的溶解、混合物的分离以及化学反应的发生等需要在加热的情况下进行；而有些反应需要在低温下进行，还有一些反应因大量放热而需要除去过剩的热量，因而需要冷却。

加热的器具和加热的方法很多，本项目以常用的酒精灯、盘式电炉为加热器具进行练习。

图 2-24　加热试管中的液体

训练 1　用酒精灯加热

一、训练内容

用酒精灯将试管中的蒸馏水加热至沸腾，实验装置如图 2-24 所示。

想一想：

1. 你会使用酒精灯吗？

2. 试管应置于灯焰的什么位置？

3. 试管是直立好还是倾斜好？

二、主要仪器

试管一支、试管夹一个、试管刷一支、酒精灯一盏、火柴一盒、洗瓶一个

三、操作步骤

☞ 你做好准备工作了吗？确认就开始！

1. 将试管洗净。

2. 用火柴将酒精灯点燃。

3. 向试管中加入适量的蒸馏水。

4. 用试管夹夹住试管的中上部，管口稍微倾斜向上，置于灯焰上加热至蒸馏水沸腾。

5. 熄灭酒精灯。

6. 清洁整理。

四、训练评价

评价项目	评价标准		得 分
	内　容	总扣分值	
洗　涤	试管是否洗涤干净(不挂水珠)	5	
	是否用蒸馏水荡洗	5	
酒精灯的使用	酒精的量是否合适	10	
	点燃操作是否正确	10	
	火柴杆是否放入废液缸中	10	
	熄灭操作是否正确	10	
加　热	试管中装蒸馏水量是否合适	10	
	夹试管的位置是否合适	10	
	试管倾斜度是否合适	10	
	加热时试管口是否对着人	10	
清洁整理	台面是否整洁	5	
	仪器有无损坏	5	
合　计			

五、相关知识

1. 酒精灯的使用

（1）用途　酒精灯是常用的加热器具，主要用于受热面积较小、温度不需要太高的物体加热，以酒精为燃料。

（2）酒精灯的结构　酒精灯由灯壶、灯芯和灯帽等三部分组成，其结构如图 2-25 所示。酒精灯的加热温度不高，为 $400 \sim 500\,^\circ\text{C}$。其灯焰可分为外焰、内焰和焰心，如图 2-26 所示，其中外焰的温度最高，内焰的温度较低，焰心的温度最低。

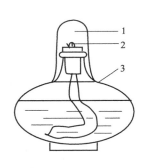

图 2-25　酒精灯的结构
1—灯帽；2—灯芯；3—灯壶

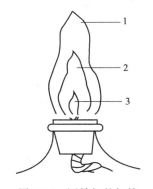

图 2-26　酒精灯的灯焰
1—外焰；2—内焰；3—焰心

（3）使用方法　用火柴点燃酒精灯，切不可用另一盏燃着的酒精灯来点燃，以免酒精洒出引起火灾。需要向灯壶内添加酒精时，可借助小漏斗。酒精不能装得太满，以不超过灯壶的 2/3 为宜。绝不允许在灯焰燃着时添加酒精，以防着火事故。加热完毕，只要盖上灯帽，灯焰即可熄灭，切忌用嘴吹灭。熄灭后应将灯帽提起重盖一次，以便使空气进入，避免冷却后盖内产生负压难以打开。酒精灯的使用方法如图 2-27 所示。

2. 加热试管中液体的方法

加热试管中的液体时，液体量不得超过试管容积的 1/3。用试管夹夹住试管的中上部，

(a) 点燃　　　　　　　　(b) 添加酒精　　　　　　(c) 熄灭

图 2-27　酒精灯的使用方法

管口稍微倾斜向上，先在火焰上方往复移动试管，使其受热均匀，再放入火焰中部，如图 2-24 所示。为使其受热均匀，可先加热试管中液体的中上部，再缓慢向下移动加热，以防局部过热所产生的大量蒸气带动液体冲出管外。

　　加热试管中的液体时，应避免出现直接用手拿试管进行加热［见图 2-28(a)］、试管夹夹取试管的中部直立加热［见图 2-28(b)］、试管口朝向自己或他人进行加热［见图 2-28(c)］以及集中加热某一部分，致使局部过热使液体溅出［见图 2-28(d)］等错误操作。

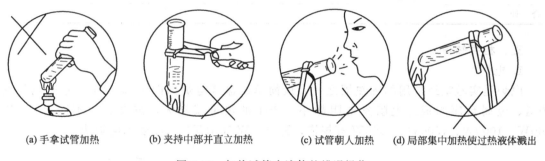

(a) 手拿试管加热　　(b) 夹持中部并直立加热　　(c) 试管朝人加热　　(d) 局部集中加热使过热液体溅出

图 2-28　加热试管中液体的错误操作

训练 2　用盘式电炉加热

一、训练内容

用盘式电炉将小烧杯中的蒸馏水加热至沸腾。

想一想：

1. 你了解盘式电炉的结构吗?

2. 怎样使用盘式电炉?

3. 你知道安全用电吗?

二、主要仪器

盘式电炉一个、50mL 烧杯一个、玻璃棒一支、小烧杯刷一支、石棉网一张、洗瓶一个

三、操作步骤

☞ 你做好准备工作了吗? 确认就开始!

1. 将小烧杯洗净。

2. 向小烧杯中加入约 1/3 的蒸馏水。

3. 在盘式电炉上放置一张石棉网,将小烧杯置于电炉上。

4. 将插头插入插座中,给电炉通电,边搅拌边加热,直至小烧杯中的蒸馏水沸腾为止。

5. 拔出插头,停止通电。

6. 清洁整理。

四、训练评价

评价项目	评价标准		得　分
	内　容	总扣分值	
洗　涤	小烧杯是否洗涤干净(不挂水珠)	5	
	是否用蒸馏水荡洗	5	
盘式电炉的使用	是否加上石棉网	20	
	通电操作是否正确	10	
	断电操作是否正确	10	
加　热	小烧杯中装蒸馏水量是否合适	20	
	是否边搅拌边加热	10	
	蒸馏水是否沸腾	10	
清洁整理	台面是否整洁	5	
	仪器有无损坏	5	
合　计			

五、相关知识

1. 电炉

电炉是实验室经常用的加热器之一,最简单的盘式电炉如图 2-29 所示。它由电阻丝、炉盘、金属盘座组成。电阻丝电阻越小,产生的热量就越大,按发热量不同有 500W、800W、1000W、1500W、2000W 等规格,瓦数（W 表示瓦）大小表示电炉功率。

图 2-29　盘式电炉

图 2-30　自耦变压器

使用电炉时最好与自耦变压器配套使用,自耦变压器也叫调压器,如图 2-30 所示。它的输入电压为 220V,输出电压可在 0～240V 间任意调节,将电炉接到输出端,调节输出电压,就可控制电炉的温度。调压器常见的规格有 0.5kW、1kW、1.5kW、2kW 等,选用时功率必须大于用电器功率。

使用电炉时,加热的金属容器不能触及炉丝,否则会造成短路,烧坏炉丝甚至发生触电事故。电炉的耐火砖炉盘不耐碱性物质,切勿把碱类物质撒落其上,要及时清除炉盘面上的灼烧焦烟物质,保护炉丝传热良好,延长使用寿命。电炉持续使用时间不应过长,以免缩短使用寿命。在受热容器与电炉间应有石棉网，使受热均匀，同时可避免炉丝受到化学品的侵蚀。

2. 加热烧杯（或烧瓶）中的液体

直接加热烧杯（或烧瓶）中的液体时，应在热源上放置一张石棉网，以防容器因受热不均匀而发生炸裂（见图 2-31）。烧杯中所盛放的液体不得超过其容积的 1/2，烧瓶中所盛放的液体不得超过其容积的 1/3。

图 2-31 加热烧杯中的液体

1. 其他常用的加热器具

（1）酒精喷灯 常见的有座式和挂式两种，见图 2-32。

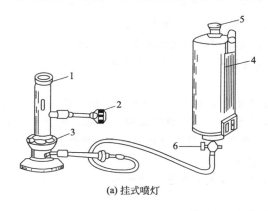

(a) 挂式喷灯　　　　　　　　(b) 座式喷灯

图 2-32 酒精喷灯

1—灯管；2—空气调节开关；3—预热盆；4—酒精贮罐；5—盖子；6—贮罐开关；7—铜帽；8—酒精壶

使用挂式酒精时，在酒精贮罐中加入适量工业酒精，挂在距喷灯约 1.5m 的上方。在预热盆中注入少量酒精，点燃以加热灯管。待盆内酒精接近烧完时，小心开启开关，使酒精进入灯管后受热汽化上升，用火柴在管口上方点燃。调节酒精进入量和空气孔的大小，即可得到理想的火焰。座式喷灯酒精贮在壶内，用法与挂式相似，但是座式喷灯因酒精贮量少，连续使用不能超过半小时。如需较长时间使用，应先熄灭、冷却、添加酒精后再用。

挂式喷灯用毕，必须立即关闭酒精贮罐的开关。当灯管没有充分预热好，或室温低且火焰小时，酒精在灯管内不能完全汽化，会有液体酒精从灯管口喷出形成"火雨"，此时最易引起火灾，必须立即关闭酒精贮罐的开关，重新预热成为正常状态方可使用。

（2）电加热套（电热包） 电加热套是专门为加热圆底容器而设计的，本质上也是封闭型电炉，如图 2-33 所示。电热面为凹型的半球面，其电阻丝包在玻璃纤维内，为非明火加热，使用较为方便、安全。按容积大小有 50mL、100mL、250mL 等规格，用来代替油浴、沙浴为圆底容器加热。使用时，受热容器悬置在加热套的中央，不得接触内壁，形成一个均匀加热的空气浴，适当保温，温度可达 400℃以上。切勿将液体注入或溅入套内，也不能加热空容器。

图 2-33 电加热套　　（3）箱式电炉（又叫马弗炉） 箱式电炉是高温热源，其型号和规

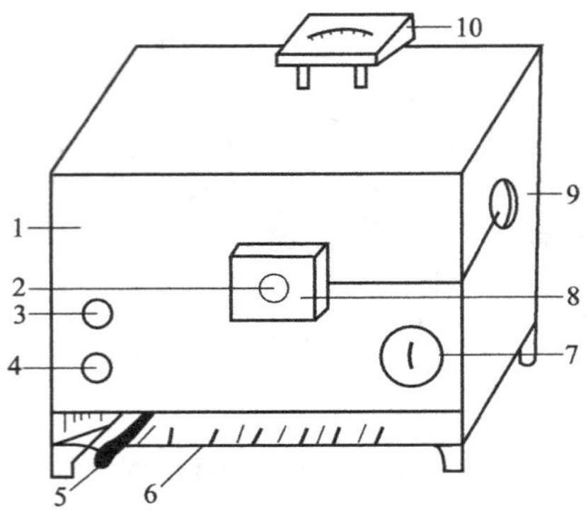

图 2-34 箱式电炉

1—炉体；2—炉门上的透明观察孔；

3—电源指示灯；4—自控指示灯；

5—变阻器滑动把柄；6—变阻器接触点；

7—自控调节钮；8—绝热门；9—门的开关把；

10—温度计（热偶毫伏表）

格很多，但结构基本相似，一般由炉体、温度控制器、电阻或热电偶三部分组成。其外形如图 2-34 所示。炉腔用传热好、耐高温而膨胀系数小的碳化硅材料制成。热源为炉膛内镍铬电阻丝（Ni 75%～80%，Cr 20%～25%），耐温可达 1100℃，为安全起见，通常限于 950～1000℃ 下使用。炉膛外围包厚层绝热砖及石棉纤维。外壳包上带角铁的骨架和铁皮。

使用高温炉时应注意以下事项：

① 高温炉安装在平整、稳固的水泥台上。温度控制器的位置与高温炉不宜太近，防止过热使电子元件工作不正常。

② 按高温炉的额定电压，配置功率合适的插头、插座、保险丝等。外壳和控制器都应接好地线。地面上最好垫一块厚橡皮板，以确保安全。

③ 高温炉第一次使用或长期停用后再使用必须烘炉，不同规格型号的高温炉烘炉温度和时间不同，按说明书要求进行。

④ 使用前核对电源电压、热电偶与测量温度是否相符。热电偶正负极不要接反。

⑤ 使用时先合上电源开关，温度控制器上指示灯亮。调节温控器旋钮，使指针指到所需温度，开始升温。升温阶段不要一次调到最大，逐步从低温、中温到高温分段进行，每段升温15～30min。待炉温升到所需温度时，控制器另一指示灯亮。

⑥ 炉周围不要存放易燃易爆物品。炉内不宜放入含酸性、碱性的化学品或强氧化剂，防止损坏炉膛和发生事故。

⑦ 放入或取出灼烧物时，要先切断电源，以防触电。取出灼烧物应先开一个缝而不要立即打开炉门，以免炉膛骤然受冷碎裂。用长柄坩埚钳取出灼烧物品，应先放到石棉板上，待温度降低后，再移入干燥器中。

⑧ 含水量大的物质应先烘干后，再放入炉内灼烧。

⑨ 勿使电炉剧烈震动，因为电炉丝一经红热后就会被氧化，极易脆断。同时也要避免电炉受潮，以免漏电。

⑩ 停止使用后，立即切断电源。

表 2-1 所列的最高温度仅为在选择热源时提供参考，确切的温度应以设备的说明书为准，因为随着材料、条件等的差异可达到的最高温度也有差别。

2. 加热方法

（1）直接加热　在实验室中，烧杯、试管、瓷蒸发皿等常作为加热的容器，它们可以承受一定的温度，但不能骤热骤冷。因此，加热前必须将器皿外壁的水擦干。加热后，不能立即与水或潮湿物局部接触。除直接加热试管、烧杯和烧瓶中的液体外，还有如下的直接加热方法。

① 加热试管中的固体。将固体置于试管底部铺匀，防止药品集中于底部形成硬壳而阻止内部反应，若同时有气体生成，可防止气体将药品冲出。块状或大颗粒固体一般应先研细。试管

表 2-1 实验室常见热源的最高温度

热　源		最高温度
酒精灯		400～500℃
酒精喷灯		800～1000℃
煤气灯		700～1200℃
电炉		900℃左右
电热包		450～500℃
高温炉	镍铬丝	900℃
	铂丝	1300℃

的加热和夹持位置与加热液体相同，试管要固定在铁架台上，试管口稍微向下倾斜，如图 2-35 所示。常见的错误操作如图 2-36 所示。

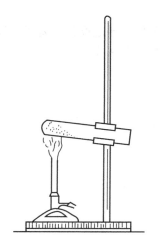

图 2-35　固体加热

(a) 药品堆集

(b) 管管口向上

图 2-36　错误操作

② 高温灼烧固体。将灼烧的固体放在坩埚中，坩埚用泥三角支承，如图 2-37 所示。先用小火预热，受热均匀后再慢慢加大火焰。用氧化火焰将坩埚灼烧至红热后停止加热，稍冷后用预热的坩埚钳夹持取下放入干燥器中冷却。也可先在电炉上干燥后放入高温炉中灼烧。

（2）间接加热　有些物质的热稳定性较差，过热时会发生氧化、分解或大量挥发逸散。这类物质最好采用间接加热。间接加热法也是恒温加热和蒸发的基本方法。

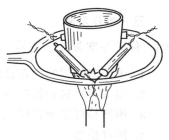

图 2-37　坩埚的灼烧

间接加热法是通过传热介质以热浴的方式进行加热，具有受热面积大、均匀，浴温可控制和非明火加热等优点。常用的热浴有水浴、油浴、沙浴和空气浴等，加热温度在 90℃ 以下可用水浴，90～250℃ 之间可用油浴，250～350℃ 之间可用沙浴。常用的油类有甘油、硅油、食用油和液体石蜡等，油类易燃，要注意安全。目前实验室常用电加热套（电热包）以空气浴的形式为圆底容器加热。

3. 冷却方法

最简单的冷却方法是把盛有待冷却物质的容器浸入冷水或冰-水（碎冰与水的混合物）浴中。当需冷却的温度在 0℃ 以下时，可采用冰和盐的混合物作冷却剂。

必须注意：当温度低于 −38℃ 时，不能用水银温度计（水银的凝固点是 −38.87℃），必须使用内装有机液体的低温温度计。

思　考　题

1. 实验室中常用的加热器具有哪些？

2. 燃着的酒精灯需添加酒精时，应如何操作？

3. 什么情况下使用电热包？它有什么优点？

4. 直接加热必须满足什么条件才能采用？

项目四　玻璃加工及玻璃仪器的装配

在化学实验中，经常需要将玻璃管制成各种形状和规格的配件，通过配件、塞子和胶管等把仪器装配起来。配件的制作、塞子的钻孔等通常由实验人员自己来完成。

本项目以玻璃管（棒）的切割等为例进行练习。

训练1　玻璃管（棒）的切割

一、训练内容

将一根玻璃管切成两段，再用酒精灯将断口熔光。

想一想：

1. 玻璃管（棒）怎样截断？
2. 玻璃管（棒）怎样熔光？
3. 你会使用酒精灯吗？

二、主要仪器

酒精灯一盏、约200mm长的玻璃管一支、三角锉刀一把、石棉网一张、火柴一盒

三、操作步骤

☞　你做好准备工作了吗？确认就开始！

1. 用锉刀锋利的边在玻璃管的中部用力锉一条痕（朝同一方向）。
2. 用双手将玻璃管折成两段。
3. 用酒精灯把断口熔光。
4. 回收整理。

四、训练评价

评价项目	评价标准		得分
	内容	总扣分值	
锉痕	手握锉刀的姿势是否正确	10	
	锉刀与玻璃管是否成90°	10	
	锉痕是否清晰、细直	15	
折断	折断的姿势是否正确	15	
	折断后断面边缘是否整齐	15	
熔光	是否能正确使用酒精灯	10	
	熔光操作是否正确	15	
清洁整理	玻璃管回收了没有	5	
	仪器有无损坏	5	
合计			

五、相关知识

1. 玻璃管（棒）的截断

玻璃管（棒）的截断有多种方法，一般可根据玻璃管（棒）的直径大小和截取的部位等来选择不同的截断方法。对于粗管（直径在25mm以上）、玻璃管壁较厚或需要靠近管端部

位截断的玻璃管，可以采用火焰热爆法、点炸法、砂轮法等截断。

　　直径在 25mm 以下的玻璃管（棒），一般采用锉刀冷割法截断，先将玻璃管（棒）平放在实验台面上，左手扶住玻璃管（棒），用拇指或食指尖按住被截断部位的左侧，右手持锉刀，刀刃与玻璃管（棒）垂直成 90°的方向（见图 2-38），然后用力向前或向后一拉，同时把玻璃管（棒）略微朝相反方向转动，在玻璃管（棒）上划出一条清晰、细直的凹痕。注意：锉痕时不要来回拉锉，因为这样不仅会损伤锉刀的锋棱，而且会使锉痕加粗、折断后断面边缘不整齐。折断前先用水沾一下锉痕（降低玻璃强度），然后双手握住玻璃管（棒），用两只手的拇指抵住锉折痕背面，轻轻用力拉折（七分拉力，三分推力），这样就可以把玻璃管（棒）折成整齐的两段（见图 2-39）。有时为了安全起见，也可以在锉痕的两边包上布后再折断。

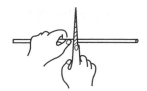

图 2-38　玻璃管（棒）的挫痕

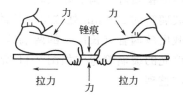

图 2-39　玻璃管（棒）的折断

　　当需要在玻璃管接近管端处截断时，用折断法不便于两手用力，可采用点炸法。点炸法也需先锉痕，方法与折断法相同。然后将一端拉细的玻璃棒在灯焰上加热到白炽而成球状的熔滴，迅速将此玻璃熔滴触压到滴上水的锉痕上，锉痕由于骤然强热而炸裂，并不断扩展成整圈，此时玻璃管可自行断开。如果裂痕不扩展成圆圈，用熔滴在裂痕的末端引导，重复此操作多次，直至玻璃管完全断裂为止。

　　2. 玻璃管（棒）的熔光

　　玻璃管（棒）折断后其断面非常锋利，在加工或使用时很容易划破皮肤，损坏塞子和胶管，因此必须在火焰上熔光以消除玻璃断面的毛刺。熔光时将玻璃管（棒）断面斜插入氧化焰中燃烧，并不时转动（见图 2-40），直到断面熔烧光滑为止，注意熔烧时间不要长，以防止口径热缩变形或玻璃棒尖端直径增大。熔烧后的玻璃管（棒）放在石棉网上冷却，就可得到具有光滑断面的玻璃管（棒）。

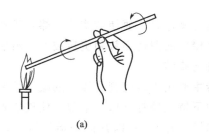

(a)

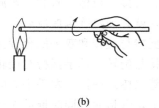

(b)

图 2-40　玻璃管（棒）断面熔光的两种手法

训练 2　玻璃管的拉伸与弯制

一、训练内容

加工制作洗瓶弯管一个，如图 2-41 所示。

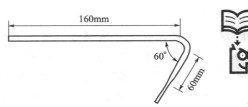

图 2-41　洗瓶弯管的规格

想一想：

1. 你会使用酒精喷灯吗？
2. 毛细管怎样拉制？
3. 玻璃管怎样弯曲？

二、主要仪器

酒精喷灯一盏、约 300mm 长的玻璃管一支、三角锉刀一把、直尺一把、石棉网一张、火柴一盒

三、操作步骤

☞ 你做好准备工作了吗？确认就开始！

1. 点燃酒精喷灯，调节好火焰。
2. 将玻璃管约 230mm 处拉出一长约 40mm 的毛细管，冷却后并从中间截断。
3. 将截出玻璃管（长段）的两端熔光。
4. 将熔光的玻璃管弯成如图 2-41 所示的形状。
5. 清洁整理。

四、训练评价

评价项目	评 价 标 准		得　分
	内　容	总扣分值	
点　燃	酒精喷灯点燃方法是否正确	15	
拉毛细管	拉毛细管的方法是否正确	10	
	折断后断面边缘是否整齐	10	
熔　光	熔光操作是否正确	10	
弯　曲	玻璃管的弯曲操作是否正确	15	
	是否有退火	10	
	制作洗瓶弯管是否符合要求	20	
清洁整理	玻璃管回收了没有	5	
	仪器有无损坏	5	
合　计			

五、相关知识

1. 玻璃管（棒）的握持与旋转

在进行热爆、对接、拉伸、吹制、弯曲等操作时，要使玻璃管（棒）受热均匀，加工出精美的玻璃制品，就必须熟练掌握玻璃管（棒）的握持姿势和旋转技术。玻璃管（棒）的握持与旋转分单手握持与旋转和双手配合握持与旋转。

（1）单手握持与旋转　单手握持与旋转主要用于玻璃管（棒）的端部熔融或封口。其方法如下：取玻璃管（棒）一段，左手手心向下持玻璃管（棒）中部，使玻璃管（棒）两端质量相等，拇指向上，食指向下同时推动玻璃管（棒），并以其他手指为依托，使其为固定轴心让玻璃管（棒）平稳、均匀旋转（不晃动为标准）。右手持玻璃管（棒）的方法与左手相反。

（2）双手配合握持与旋转　双手握持与旋转，主要应用于玻璃管（棒）中间部位的加热操作。通常是以左手心向下，右手手心向上或两手手心都向上，操作时两手拇指向上，食指向下，其余手指为依托，同时推动玻璃使之平稳旋转（见图 2-42）。双手配合均匀平稳而又同步转动是玻璃管（棒）加工技术的关键，在旋转过程中不可出现抖动或快慢不一致的现象，否则玻璃管（棒）易发生扭曲、折叠等现象，使加工失败。

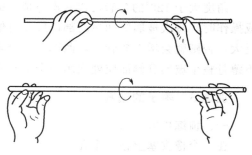

图 2-42 双手握持烧管

2. 滴管和毛细管的拉制

滴管、毛细管等是靠拉制技术制成的，其操作是用双手持玻璃管两侧，把要拉细的部位经小火预热后，于氧化焰中左右移动及旋转加热，待玻璃管烧熔至发黄变软时移离火焰，沿着水平方向，边拉边旋转（先慢拉后用力）（见图 2-43），拉至所需要的管径和长度。

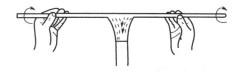

(a) 玻璃管的加热

(b) 拉细手法

图 2-43 毛细管的拉制

注意：在玻璃管变硬之前，不能停止旋转或松手。待玻璃变硬后，置于石棉网上冷却，在拉细的中间部位截断，就得到两根一端有尖嘴的玻璃管，把尖嘴熔光；另一端斜插入火焰中熔烧后，立即垂直向下往石棉网上轻轻压下成卷边。也可用镊子尖斜按进旋转烧熔的玻璃管口内，即成喇叭口形，冷却后装上胶头制成滴管。拉制毛细管时，一般选用直径为 8～10mm 的玻璃管，在拉制前把玻璃管内壁冲洗干净，晾干后按以上操作进行，拉制成直径约为 1mm、长度为 150mm 的毛细管。在拉制过程中，毛细管的内径大小与拉制速度有关，拉制速度快其内径就小，否则就大，因此在操作中可根据需要选择不同的拉制速度。

3. 弯曲

取一根玻璃管，双手持玻璃管两侧，把要弯曲的部位先小火预热后放在氧化火焰中旋转加热，加热的宽度应约为玻璃管直径的 3 倍，为扩宽受热面积也可以把玻璃的弯曲部位斜插入火焰中或在旋转的同时左右移动。当玻璃管开始变软时，移离火焰，立刻放在画有一定角度的石棉网上，将玻璃弯成所需要的角度，或者以"V"字形手法悬空弯制。为防止玻璃管弯瘪，也可以采用吹气法弯制，当玻璃管烧熔变软后，移离火焰，右手食指按紧右端管口或用棉花塞住右端管口，从左端管口吹气以"V"字形手法悬空弯制成所需角度。如图 2-44 所示。

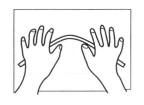

(a) 在画有角度的石棉网上弯制

(b) 两手向上以"V"字形弯制

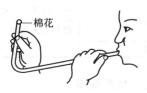

(c) 吹气弯制

图 2-44 弯管手法

角度大于 $120°$ 的弯管可以一次弯成，$90°$ 或小于 $90°$ 的弯管可重复多次弯成。但在多次弯成操作时，每次玻璃管加热的部位应左右偏移少许，以免管壁收缩变瘪，但是偏移距离不要过大，否则就会增大弯管的弯曲率。一个合格的弯管不仅角度要符合要求，弯曲处也应圆而不瘪且整个玻璃管侧面应处在用一个水平面上。

训练 3　塞子的钻孔

一、训练内容

在一个橡皮塞上钻一个孔。

想一想：

1. 你认识钻孔器吗？
2. 怎样在橡皮塞上钻孔？

二、主要仪器

钻孔器一套、橡皮塞一个、小圆锉一把、小木板一块

三、操作步骤

☞ 你做好准备工作了吗？确认就开始！

1. 根据玻璃管的大小，选择合适的钻孔器。
2. 在橡皮塞小直径的一面涂上肥皂水。
3. 在实验台上垫一块小木板。
4. 将橡皮塞置于小木板上，进行钻孔。
5. 清洁整理。

四、训练评价

评价项目	评价标准		得　分
	内　容	总扣分值	
选　择	钻孔器选择是否正确	15	
钻　孔	橡皮塞小直径的一面是否涂上肥皂水	10	
	是否垫一块小木板	10	
	钻孔方法是否正确	15	
结　果	钻出的孔是否垂直	20	
	钻出的孔是否在橡皮塞中央	10	
	孔是否光滑	10	
清洁整理	钻孔的塞子回收了没有	5	
	仪器有无损坏	5	
合　计			

五、相关知识

1. 选配塞子

化学实验室常用的塞子有玻璃磨口塞、橡皮塞、塑料塞和软木塞，它们主要用于封口和仪器的连接安装。玻璃磨口塞用于配套的商品玻璃磨口仪器中，能与带磨口的瓶子很好地密

合，密封性好，这种带有磨口的瓶子不适于装碱性物质及其溶液。橡皮塞气密性也很好，能耐强碱，但易被强酸侵蚀或被有机溶剂溶胀。软木塞不易与有机物质作用，但气密性差，且易被酸碱侵蚀。由于橡皮塞和软木塞可根据实际的需要进行钻孔，所以在装配仪器时常用橡皮塞和软木塞。

任何一种塞子根据它们的直径大小，有着统一的编号规格，如 1、2、3、4、…，"1"称为 1 号塞。使用非磨口仪器时，首先应该选择合适的塞子，一般塞子插入瓶颈部分应是塞子本身高度的 1/3～2/3，如图 2-45 所示。

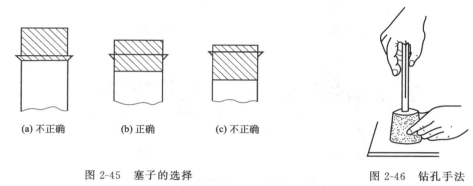

(a) 不正确　　　　(b) 正确　　　　(c) 不正确

图 2-45　塞子的选择　　　　　　图 2-46　钻孔手法

2. 塞子的钻孔

实验室中常用的钻孔器一般有两种：一种是手摇式机械钻孔器；另一种是手动式普通钻孔器。它们的钻孔方法大致相同。在胶塞钻孔时，首先根据胶塞欲插入的玻璃管的直径选择合适的钻孔器，一般钻孔器的口径应该比玻璃管外径稍大一些，钻孔前钻孔器刀刃处可先涂一层凡士林、甘油或肥皂水起润滑作用，通常从塞子直径较小的一面开始，直到钻通为止。钻孔时把塞子大头平放在桌面的一块木板上（防止把桌面钻坏），左手扶住塞子，右手握住钻孔器，按紧塞子上欲钻孔的位置，一边向同一方向匀速旋转钻孔器，一边稍用力垂直下压，使钻孔器始终与桌面保持垂直，如图 2-46 所示。如果发现二者不垂直，应及时加以检查纠正。胶塞钻孔应缓慢均匀，如果用力顶入，钻出的孔太细且不均匀。塞子钻通后，向钻孔时的相反方向旋转拔出钻孔器，用铁条捅出钻孔器里面的胶芯。若孔径略小或孔道不光滑，可以用圆锉修正。

软木塞钻孔与胶塞钻孔方法基本相同。但在选择钻孔器口径时，应该选用比欲插入的玻璃管外径稍小一些。

要在一个塞子上钻两个孔，应更加小心仔细操作，务必使两个孔道笔直且互相平行，否则插入管子后，两根管子就会歪斜或交叉，影响正常使用。

钻孔器的刀刃部位用钝后要及时用刮孔器或锉刀修复。

3. 仪器的连接与安装

玻璃仪器的安装是指通过塞子、玻璃管及胶管等将相关的仪器部件连接在一起，组装成可供实验使用的装置。仪器安装是否正确，关系到实验的成败。首先应该选择合适的仪器和与其配套的胶塞、玻璃塞、胶管等，将它们冲洗干净并晾干，然后进行连接与安装。一般仪器的连接与安装是依照装置图，根据所用热源的高低，将仪器由下而上、从左到右，依次固定在铁架台上。

固定仪器所用的铁夹应套有耐热橡皮管或贴有绒布，不能使铁器与玻璃仪器直接接触。

夹持时，松紧应适度，通常以被夹住的仪器稍微能旋转为最好。

用塞子与玻璃管连接时，应该先用水或甘油润湿玻璃管的插入端，然后一手持塞子，一手握住距塞子2~3cm处的玻璃管，慢慢旋转插入，绝不允许用顶入的方式强行插入。握玻璃管的手与塞子距离不要过远，插入或拔出弯曲的玻璃管时，手指不应捏在弯曲处，以防玻璃管断裂并造成割伤，如图2-47所示。与胶管连接也要把玻璃管润湿后再旋转插入。

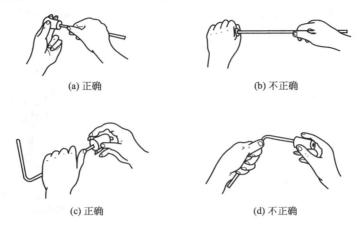

(a) 正确　　　　　　　　(b) 不正确

(c) 正确　　　　　　　　(d) 不正确

图 2-47　玻璃管与塞子的连接方法

仪器连接安装完以后，首先要认真检查胶塞、胶管等连接部位的密封性、完好性，应使整套仪器装置做到横平竖直、紧密稳妥，以保证实验正常运行。

拆除仪器装置时应按与安装时相反的顺序进行，拆除后的仪器用水刷洗干净、晾干，按类别妥善保管。

 拓展知识

1. 预热

玻璃导热性能差，玻璃管（棒）在加工过程中，如果各部位突冷突热、冷热不均，就容易造成破裂。即使在操作过程中，每次离开火焰片刻之后，再次放回高温火焰之前，都必须要经过适当的预热以防止温度突变使加工失败。预热是把玻璃管（棒）的加工部位及周围先在火焰上部（低温火焰）旋转加热数秒钟，然后方可插入高温火焰中加热，以防止玻璃管（棒）骤热破裂。

2. 退火

玻璃管（棒）在加工过程中，受热部位与未受热部位温差悬殊，因此必然在它们之间形成一个很窄的热分界区。在这个热分界区中，高温部分与低温部分之间会产生一个相互阻止对方变化的力（热胀、冷缩），这个力称为应力。玻璃管（棒）熔融所产生的应力，一般分布在熔融部位的两侧，距火焰边缘约1cm处，在侧面熔融的玻璃管所产生的应力分布在熔融部位的四周，见图2-48所示。应力的存在很容易使玻璃制品发生爆裂，任何一种经喷灯加热后成型的玻璃制品，都应该进行退火处理，以消除应力过于集中的现象。

退火是将刚加工完的玻璃制品的热界区，即应力集中部位，在高于玻璃的软化温度、低于熔融温度的火焰中加热，并逐步降低火焰温度（离开高温区或减少供氧量），扩宽受热面积，缩小热界区两侧的温度差，使应力扩散。如果玻璃制品的熔融面积较大，火焰宽度不够时，可采

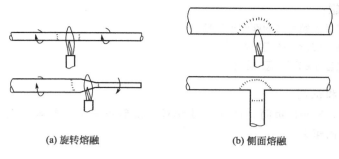

(a) 旋转熔融　　　　　　　(b) 侧面熔融

图 2-48　熔融玻璃管的应力

取移动或倾斜的方式来进行退火处理。退火后玻璃制品放在石棉板上，让其自然冷却即可。

3. 磨口仪器的装配

磨口仪器的装配与一般仪器的连接安装程序基本相同，使用前先将玻璃仪器及器件清洗干净、晾干，按装置图依次固定。使用磨口仪器，在实验中可省去塞子以及钻孔等多项操作，比普通玻璃仪器安装方便、密闭性好，并能防止实验中的污染现象。

标准磨口仪器的磨口，是采用国际通用 1/10 锥度，即磨口每长 10 个单位，小端直径比大端直径就缩小 1 个单位。由于磨口的标准化、通用化，因此凡属于相同号码的接口都可任意互换使用，并能按需要组合成各类实验装置。不同编号的内外磨口则不能直接相连，但可以借助不同编号的变径插头相互连接。

常用的标准磨口有 10、14、19、24、34 等多种，如"14"表示磨口的大端直径为 14mm。使用磨口仪器连接安装应注意以下几点：

① 内外磨口必须保持清洁，磨口不能用去污粉擦洗，以免影响精密度。

② 一般使用时，磨口处不要涂润滑脂，以防磨口连接处因碱性腐蚀而粘连。用磨口仪器连接时，应直接插入或拔出，不能强顶旋转，以防止损伤磨口、拆卸困难。

③ 安装实验装置时，要求紧密、整齐、美观。

④ 实验完毕后，应立即拆卸、洗净、晾干，并分类保存。由于标准磨口价格较贵，在使用和保管上要加倍小心仔细。

思 考 题

1. 切割后的玻璃断口为什么要熔光？

2. 加工玻璃管时，预热和退火各有什么作用？

3. 仪器的连接与安装有什么要求？

项目五　溶解、蒸发与过滤

在化学实验中，为使反应物混合均匀，以便充分接触、迅速反应，或是为了提纯某些固体物质、除去机械杂质等，常需要将固体溶解，制成溶液。溶液的浓缩、重结晶等需要将溶液进行蒸发、过滤等操作技术。

本项目以粗食盐的溶解、食盐水的蒸发及过滤为例进行练习。

训练 1　粗食盐的溶解

一、训练内容

配制一定浓度的粗食盐水。

想一想：

1. 你了解溶解固体的操作步骤吗？
2. 怎样选择合适的溶剂？
3. 粗食盐水的浓度怎么计算？

二、主要仪器和试剂

托盘天平一台，50mL 量筒、100mL 小烧杯、洗瓶各一个，药匙一支，研钵一个，玻璃棒一支，称量纸及擦纸若干

粗食盐

三、操作步骤

☞ 你做好准备工作了吗？确认就开始！

1. 在托盘天平上称取 1.8～2.0g 粗食盐，记录称得质量。
2. 将粗食盐置于研钵中研细后倒入小烧杯中，加入 20mL 蒸馏水。
3. 用玻璃棒搅拌溶解。
4. 计算配得粗食盐水的浓度。
5. 整理（将配制好的食盐水保留备用）。

四、数据记录和处理

小烧杯的质量：＿＿＿＿＿＿＿＿ g

小烧杯＋称量物的质量：＿＿＿＿＿＿＿＿ g

称量物的质量：＿＿＿＿＿＿＿＿ g

粗食盐水的浓度：＿＿＿＿＿＿＿＿ $g \cdot L^{-1}$

五、训练评价

评价项目	评 价 标 准		得　分
	内　容	总扣分值	
称　量	称量操作是否正确	10	
	所称质量是否符合要求	10	
研　磨	研磨操作是否正确	10	
	是否有食盐撒落	10	
溶　解	是否使用玻璃棒	10	
	搅拌操作是否正确	10	
	粗食盐是否完全溶解	10	
数据记录与处理	数据记录是否完整	5	
	有效数字是否正确	5	
	浓度计算是否正确	10	
清洁整理	配好的食盐水是否保留	5	
	仪器有无损坏	5	
合　计			

六、相关知识

1. 溶解

溶解是溶质在溶剂中分散形成溶液的过程。溶解过程是一个物理化学过程，既有溶质分子在溶剂分子间的扩散过程，又有溶质粒子（分子或离子）与溶剂分子结合的溶剂化过程，对于以水为溶剂的又称水化过程。前者是需要能量的吸热过程，后者是释放热量的放热过程。所以溶解过程总是伴随着热效应——溶解热。

物质的溶解过程中，溶解量的多少用溶解度来表示。溶解度的大小跟溶质和溶剂的性质有关，从大量实验中归纳出一条经验规律——相似相溶，即物质在同它结构相似的溶剂中较易溶解。极性化合物一般易溶于水、醇、液氨等极性溶剂中，而在苯、四氯化碳等非极性溶剂中则溶解很少。NaCl 溶于水而不溶于苯。

溶解度是指在一定温度和压力下，物质在一定量溶剂中溶解的最高限量（即饱和溶液）。固体和液体溶质一般用每 100g 溶剂中所能溶解的最多质量（g）表示。难溶物质用 1L 溶剂中所能溶解的溶质的质量（g）、物质的量（mol）表示。气体溶质一般用 1 体积溶剂中可溶解气体的标准体积表示。若溶解是吸热的，则溶解度随温度升高而增大；若溶解是放热的，则溶解度随温度升高而减小（不含伴随有化学反应的溶解）。

固体溶解操作的一般步骤是：先用研钵将固体研细成为粉末，放入烧杯等容器中，再选择加入适当的溶剂（如水），加入的数量可根据固体的量及该温度下的溶解度进行计算或估算。可进行加热或搅拌，以加速溶解。

2. 溶剂的选择

根据被溶解固体的性质选择适当的溶剂。水通常是溶解固体的首选溶剂，它具有不易带入杂质、容易提纯以及价格便宜、容易得到等优点。

一些金属的氧化物、硫化物、碳酸盐以及钢铁、合金等难溶于水的物质，可选用盐酸、硝酸、硫酸或混合酸等无机酸加以溶解。

大多数有机化合物需要选择极性相近的有机溶剂进行溶解。

3. 玻璃棒的使用

手持玻璃棒并转动手腕，用微力使玻璃棒在容器中部的液体中均匀转动，使溶质与溶剂充分混合并逐渐溶解，如图 2-49 所示。用玻璃棒搅拌液体不能将玻璃棒沿器壁划动，不能将液体乱搅溅出，也不要用力过猛，以防碰破器壁，如图 2-50 所示。

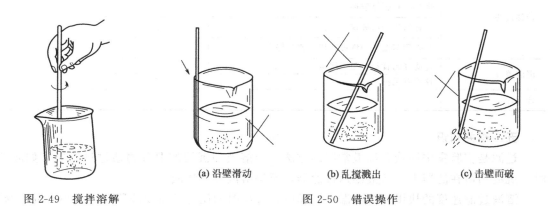

图 2-49 搅拌溶解

(a) 沿壁滑动　　(b) 乱搅溅出　　(c) 击壁而破

图 2-50 错误操作

用重玻璃棒搅拌烧杯中的液体时，容易碰破器壁，可用两端封死的玻璃管代替，或在被搅拌溶液性质允许的条件下，在玻璃棒的下端套上一段短的乳胶管。

训练 2　食盐水的过滤

一、训练内容

过滤含有杂质的粗食盐水。

想一想：

1. 你会安装过滤装置吗？
2. 滤纸怎样折叠？
3. 溶液怎样从烧杯转移到漏斗中？

二、主要仪器

铁架台、铁圈、长颈漏斗各一个，100mL 烧杯、洗瓶各一个，玻璃棒一支，滤纸若干

三、操作步骤

☞ 你做好准备工作了吗？确认就开始！

1. 洗涤仪器。
2. 折叠好滤纸并装入漏斗中，润湿滤纸并使漏斗颈内全部充满水而形成水柱。
3. 安装好普通过滤装置。
4. 过滤训练 1 中配制好的食盐水。
5. 整理（过滤好的食盐水保留备用）。

四、训练评价

评价项目	评价标准		得分
	内容	总扣分值	
洗涤	仪器是否洗涤干净	5	
安装仪器	滤纸折叠方法是否正确	10	
	漏斗尖端是否紧靠于接收容器的内壁	10	
	漏斗颈内是否能形成水柱	20	
转移过滤	玻璃棒下端靠滤纸的位置是否正确	10	
	烧杯嘴是否靠玻璃棒	10	
	烧杯嘴是否沿玻璃棒上提	10	
	是否用蒸馏水冲洗玻璃棒及盛液烧杯	10	
清洁整理	过滤好的食盐水是否保留	10	
	仪器有无损坏	5	
合计			

五、相关知识

过滤是实验室中固液分离最常用的方法。当溶液和沉淀的混合物通过过滤器（如滤纸）时，沉淀物留在滤器上，溶液则通过滤器，所得溶液称为滤液。

溶液过滤速度的快慢与溶液温度、黏度、过滤时的压力差以及滤器孔隙大小、沉淀物的性质有关。一般来说，热溶液比冷溶液易过滤，溶液黏度愈大过滤愈难。减压比常压过滤快，滤器的孔隙愈大过滤愈快。沉淀的颗粒细小，易在滤器表面形成一层密实的滤层，堵塞孔隙使过滤难于进行。胶状沉淀的颗粒很小，能够穿过过滤器，一般都要设法事先破坏胶体

的生成。

　　滤纸是实验室中最常用的滤器，它有各种规格和型号。国产滤纸从用途上分为定性滤纸和定量滤纸。定量滤纸已经用盐酸、氢氟酸、蒸馏水洗涤处理过，它的灰分很少，故又称无灰滤纸，用于精密的定量分析中。定性滤纸的灰分较多，只能用于定性分析和分离之用。滤纸按孔隙大小分为"快速"、"中速"、"慢速"三种；按直径大小又有 7cm、9cm、11cm 等几种。

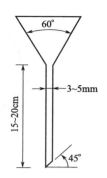

图 2-51　长颈漏斗

　　普通过滤一般在常压下进行，常使用玻璃漏斗。图 2-51 所示的是标准的长颈漏斗。过滤前选取一张滤纸对折两次（如滤纸是正方形的，此时将它剪成扇形），拨开一层即成内角为 60℃ 的圆锥体（与漏斗吻合），并在三层一边撕去一个小角，使其与漏斗紧密贴合，如图 2-52 所示。放入漏斗的滤纸的边缘应低于漏斗边沿 0.3～0.5cm。然后左手拿漏斗并用食指按住滤纸，右手拿塑料洗瓶，挤出少量蒸馏水将滤纸润湿，并用洁净的手指轻压，挤尽漏斗与滤纸间的气泡，以使过滤通畅。

图 2-52　滤纸的折叠与装入漏斗

　　过滤前，先向漏斗中加水至滤纸边缘，使漏斗颈内全部充满水而形成水柱。若颈内不能形成水柱，可用手指堵住漏斗下口，同时稍稍掀起滤纸的一边，用洗瓶向滤纸和漏斗之间的间隙加水，使漏斗颈和锥体的大部分被水充满，然后压紧滤纸边，松开堵住下口的手指，一般即能形成水柱。具有水柱的漏斗，由于水柱的重力作用，因而可加快过滤速度。

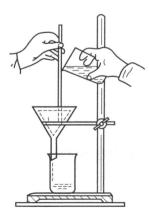

图 2-53　普通过滤

　　将准备好的漏斗放在漏斗架上，并使漏斗颈下部尖端紧靠于接收容器的内壁，如图 2-53 所示。过滤时，左手持玻璃棒，垂直地接近滤纸三层的一边，右手拿烧杯，将烧杯嘴贴着玻璃棒并慢慢倾斜，使烧杯的上层清液沿玻璃棒流入漏斗中。随着溶液的倾入，应将玻璃棒逐渐提高，避免其触及液面。待漏斗中液面达到距滤纸边缘 5mm 处，应暂时停止倾注，以免少量沉淀因毛细作用越过滤纸上缘，造成损失。停止倾注溶液时，将烧杯嘴沿玻璃棒向上提起，并逐渐扶正烧杯，以避免烧杯嘴上的液滴流到烧杯外壁；再将玻璃棒放回烧杯中，但不得放在烧杯嘴处。

　　待溶液滤至接近完成，再将沉淀转移到滤纸上过滤。这样就不会因沉淀物堵塞滤纸孔隙而减慢过滤速度。沉淀转移完毕，从洗瓶中挤出少量蒸馏水，淋洗盛放沉淀的容器和玻璃棒，洗涤液全部转入漏斗中。进行普通过滤时，应注意避免出现图 2-54 列出的一些常见的错误操作。

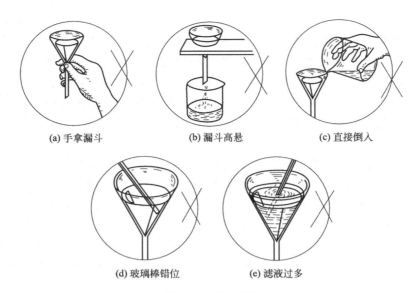

图 2-54　错误操作

训练 3　食盐水的蒸发

一、训练内容

将一定浓度的食盐水蒸发至析出晶体并烘干。

想一想：

1. 怎样使用铁架台?

2. 食盐水怎样才能析出晶体?

3. 加热速度是否越快越好?

二、主要仪器

托盘天平一台，铁架台、铁圈、蒸发皿各一个，坩埚钳一把，酒精灯一盏，洗瓶一个，玻璃棒一支，擦纸若干，回收瓶一个

三、操作步骤

☞ 你做好准备工作了吗? 确认就开始!

1. 将蒸发皿洗净、干燥、称量。

2. 安装蒸发装置。

3. 将蒸发皿置于铁圈上，调节好高度。

4. 将训练 2 中的滤液转移到蒸发皿中。

5. 边加热边搅拌，当溶液呈粥状后小火加热直至水分完全蒸发（以食盐不结块为准）。

6. 冷却后称量，计算食盐提纯率。

$$提纯率 = \frac{精盐的质量(g)}{粗盐的质量(g)} \times 100\%$$

7. 回收整理。

四、数据记录和处理

蒸发皿的质量：＿＿＿＿＿＿＿＿ g

蒸发皿＋精食盐的质量：＿＿＿＿＿＿＿ g

精食盐的质量：＿＿＿＿＿＿＿ g

提纯率：＿＿＿＿＿＿＿

五、训练评价

评价项目	评 价 标 准		得 分
	内 容	总扣分值	
干 燥	蒸发皿是否干燥	10	
安装仪器	蒸发皿高度是否合适	10	
蒸 发	加热速度是否合适	10	
	搅拌操作是否正确	10	
	是否能将水分完全蒸发	10	
	是否有食盐溅出	10	
记录处理	记录项目是否齐全	10	
	计算是否正确	10	
	有效数字是否正确	10	
清洁整理	食盐是否回收	5	
	仪器有无损坏	5	
合 计			

六、相关知识

溶液的蒸发是指用加热的方式使一部分溶剂在液体表面发生汽化，从而提高溶液浓度或使固体溶质析出的过程。溶液的表面积越大、温度越高、溶剂的蒸气压越大，则越易蒸发，所以蒸发通常都在敞口容器中进行。

实验室中，蒸发浓缩通常在蒸发皿中进行，因其可耐高温，表面积大，蒸发速度较快。蒸发皿中盛放溶液的体积不得超过其容积的 2/3。若溶液量较多，可随溶剂的不断蒸发分次添加，有时也可改用大烧杯作为蒸发容器。对于热稳定性较好的物质，蒸发可在石棉网或泥三角上直接加热进行。有些物质遇热容易分解，则应采用水浴控温加热。有机溶剂的蒸发常在通风橱中进行。

在蒸发的液体表面缓缓地导入空气或其他惰性气流，除去与溶液相平衡的蒸气可加快蒸发速度。也可用水泵或真空泵抽吸液体表面的蒸气，进行减压蒸发，这样既能降低蒸发温度又能达到快速蒸发的目的。

随着蒸发的进行，溶液的浓度逐渐变大，应注意适当调节加热温度，并不断加以搅拌，以防局部过热而发生飞溅。

 拓展知识

1. 固液分离方法

实验室中固液分离除了用过滤法外，还有倾泻法和离心法。

（1）倾泻法 当沉淀的颗粒或密度大，静置后能沉降至容器底部时，可以利用倾泻方法将沉淀与溶液进行快速分离。具体说就是先将溶液与沉淀的混合物静置，不要搅动，使沉淀沉降完全后，将沉淀上层的清液小心地沿玻璃棒倾出，而让沉淀留在容器内，如图 2-55 所示。

图 2-55 倾泻法分离沉淀

（2）**离心法** 当沉淀量很少时，可使用离心机（见图 2-56）进行分离。使用时，把盛有混合物的离心试管放入离心机的套管内，然后慢慢启动离心机，逐渐加速。离心速度和时间根据沉淀性状而定，结晶形沉淀大约用 1000r·min⁻¹，离心时间 1～2min；无定形沉淀约为 2000r·min⁻¹，离心时间 3～4min。

由于离心作用，沉淀紧密地聚集于离心试管的尖端。上面的溶液是澄清的，可用滴管小心地吸出上方清液，如图 2-57 所示。也可用倾泻法将其倾出。如果沉淀需要洗涤可加入少量洗涤剂，用玻璃棒充分搅动，再进行离心分离，如此反复操作两三遍即可。

  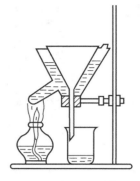

图 2-56　离心机　　　图 2-57　用滴管抽取上层清液　　　图 2-58　保温过滤装置

使用离心机时必须注意以下事项：

① 为了防止旋转中碰破离心试管，离心机的套管底部应垫棉花或海绵。

② 离心试管应对称放置。当只有一支试管时，可在与其对称的位置上放一支盛有等体积水的离心试管，以使离心机保持平衡。

③ 启动时要先慢后快，不能直接调至高速挡。用完后，关闭电源开关，使其自然停止转动。在任何情况下，不得用外力强制停止。

④ 离心机转速很高，应注意安全。

2. 过滤方法

过滤方法除前面讲的普通过滤外，还有保温过滤、减压过滤。

（1）**保温过滤** 保温过滤又叫趁热过滤，常用于重结晶操作中。用普通玻璃漏斗过滤热的饱和溶液时，常常由于温度降低而在漏斗颈中或滤纸上析出结晶，不仅造成损失，而且使过滤产生困难。如果使用保温漏斗（又叫热水漏斗）趁热过滤，就不会发生这种情况。

保温过滤装置如图 2-58 所示。将一支普通的短颈玻璃漏斗通过胶塞与带有侧管的金属夹套装配在一起制成保温漏斗，用铁夹夹住胶塞部位，将其固定在铁架台上，夹套中充热水，侧管处加热。这样就可使玻璃漏斗维持较高温度，保证热溶液过滤时不降温，顺利过滤。注意：若溶剂为易燃性物质，过滤时侧管处应停止加热。

热过滤时，为充分利用滤纸的有效面积，加快过滤速度，常使用扇形滤纸，其折叠方法如图 2-59 所示。

先将圆形滤纸对折成半圆形，再对折成 1/4 圆形，展开后得折痕 1～2、2～3 和 2～4 ［见图 2-59（a）］；再以 1 对 4 折出 5、3 对 4 折出 6、1 对 6 折出 7、3 对 5 折出 8 ［见图 2-59（b）］；以 3 对 6 折出 9、1 对 5 折出 10 ［见图 2-59（c）］；然后在每两个折痕间向相反方向对折一次，展开后呈双层扇面形 ［见图 2-59（d）和（e）］；拉开双层，在 1 和 3 处各向内折叠一个小折面 ［见图 2-59（f）］，即可放入漏斗中使用。

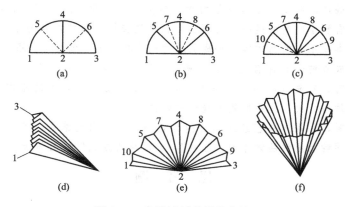

图 2-59　扇形滤纸的折叠方法

注意：折叠时，折纹不要压至滤纸的中心处，以免多次压折造成磨损，过滤时容易破裂透滤。

在趁热过滤操作时，可分多次将溶液倒入漏斗中，每次不宜倒入过多（溶液在漏斗中停留时间长易析出结晶），也不宜过少（溶液量少散热快，易析出结晶）。未倒入的溶液应注意随时加热保持较高温度，以便顺利过滤。

（2）减压过滤　减压过滤是抽走过滤介质下面的气体，形成负压，借助大气压力来加快过滤速度的一种方法。减压过滤装置由布氏漏斗、吸滤瓶、安全缓冲瓶、真空抽气泵（或抽水泵）组成，如图 2-60 所示。布氏漏斗是中间具有许多小孔的瓷质滤器。漏斗颈上配装与吸滤瓶口径相匹配的橡皮塞子，塞子塞入吸滤瓶的部分，一般不得超过 1/2。

减压过滤前，需检查整套装置的气密性，布氏漏斗下的斜口要正对着吸滤瓶的侧管。放入布氏漏斗中的滤纸，应剪成比漏斗内径小一些的圆形，以能全部覆盖漏斗滤孔为宜。不能

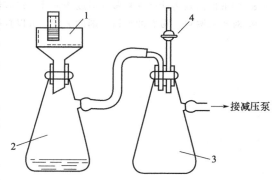

图 2-60　减压过滤装置
1—布氏漏斗；2—吸滤瓶；3—缓冲瓶；4—二通活塞

剪得比内径大，那样滤纸周边会起皱褶，抽滤时，晶体就会从皱褶的缝隙被抽入吸滤瓶造成透滤。

抽滤时，先用同种溶剂将滤纸润湿，打开减压泵，将滤纸吸住，使其紧贴在布氏漏斗表面上，以防晶体从滤纸边缘被吸入瓶内。然后倾入待分离的混合物，要使其均匀地分布在滤纸面上。母液抽干后，暂时停止抽气。用玻璃棒将晶体轻轻搅动松散（注意玻璃棒不可触及滤纸），加入少量冷溶剂浸润后，再抽干（可同时用玻璃瓶塞在滤饼上挤压）。如此反复操作几次，可将滤饼洗涤干净。

停止抽气时，应先打开缓冲瓶的二通活塞（避免水倒吸），然后再关闭减压泵。

3. 结晶

结晶是指溶液达到过饱和后，从中析出晶体的过程。通常将经过蒸发浓缩的溶液冷却放置一定时间后，晶体就会自然析出。对于溶解度随温度变化较大的物质，可减小蒸发量，甚至不经蒸发，而酌情采用冰-水浴或冰-盐浴进行冷却，以促使结晶完全析出。在结晶过程中，一般需要适当加以搅拌，以避免结成大块。

从溶液中析出晶体的纯度与晶体颗粒的大小有关。小颗粒生成速度较快，晶体内不易裹入母液或其他杂质，有利于纯度的提高。大颗粒生长速度较慢，晶体内容易带入杂质，影响纯度。但是，颗粒过细或参差不齐的晶体容易形成稠厚的糊状物，不便过滤和洗涤，也会影响纯度。

晶体颗粒的形成与结晶条件有关。当溶液浓度较大、溶质溶解度较小、冷却速度较快或结晶过程中剧烈搅拌时，较易析出细小的晶体，反之，则容易得到较大的晶体。适当控制结晶条件，就能得到颗粒均匀、大小适中的较为理想的晶体。

进行结晶操作时，如果溶液已经达到过饱和状态，却不出现结晶，可用玻璃棒摩擦容器内壁，或者投入少许同种物质的晶体作为"晶种"，以诱导的方式促使晶体析出。

思 考 题

1. 解释溶解度的定义。
2. 用玻璃棒搅拌要注意哪些事项？
3. 固液分离有哪几种方法？
4. 进行普通过滤时，若将溶液直接倒入漏斗中或使玻璃棒触及滤纸，会产生什么后果？
5. 什么时候采用保温过滤？
6. 减压过滤有什么特点？
7. 使用离心机时必须注意些什么？
8. 溶液的蒸发为什么常在蒸发皿或烧杯等敞口容器中进行？
9. 对于低沸点、易燃的有机溶剂的蒸发，可以直接用明火加热吗？

课题三 化学实验基本测量技术

项目一 温度的测量与控制

温度是表示物体冷热程度的物理量，也是确定物质状态的一个基本参量，物质的许多特征参数都与温度有着密切的关系。在化学实验中，经常需要准确测量和控制温度。测量温度的仪器叫温度计。温度计的种类、型号多种多样，常用的温度计有玻璃液体温度计、热电偶温度计、热电阻温度计等，实验时可根据不同的需要选用不同的温度计。

本项目以普通水银温度计和恒温槽的使用为例进行练习。

训练1 普通水银温度计的使用

一、训练内容

用一支普通水银温度计测量自来水的温度。

想一想：
1. 你了解玻璃液体温度计的构造及测温原理吗？
2. 水银温度计使用时应注意哪些事项？

二、主要仪器

普通水银温度计（100℃）一支、250mL 烧杯一个

三、操作步骤

☞ 你做好准备工作了吗？确认就开始！

1. 洗涤仪器。
2. 在 250mL 烧杯中盛装约 150mL 自来水。
3. 用温度计测量自来水的温度，并做好记录。
4. 回收整理。

四、数据记录

自来水的温度：_____ ℃

五、训练评价

能否正确地用普通温度计测量自来水的温度？

六、相关知识

1. 玻璃液体温度计的构造及测温原理

玻璃液体温度计是将液体装入一根下端带有玻璃泡的均匀毛细管中，液体上方抽成真空

或充以某种气体。为了防止温度过高时液体胀裂玻璃管，在毛细管顶部一般都留有一膨胀室，也叫"安全泡"，如图 3-1 所示。由于液体的膨胀系数远大于玻璃的膨胀系数，毛细管又是均匀的，因此温度变化可反映在液柱长度的变化上。根据玻璃管外部的分度标尺，直接读出被测液体的温度。

图 3-1　玻璃液体温度计

玻璃液体温度计中所充液体不同，测温范围也不同。例如：充水银称为水银温度计，测温范围 $-30 \sim 750$℃；充酒精称为酒精温度计，测温范围 $-65 \sim 65$℃；充甲苯称为甲苯温度计，测温范围 $0 \sim 90$℃。

2. 玻璃水银温度计的校正及使用

玻璃水银温度计是最常用的一种玻璃液体温度计，它有许多优点：水银易提纯、热导率大、膨胀均匀、不易氧化、不沾玻璃、不透明，温度计便于读数等。普通水银温度计的测量范围在 $-30 \sim 300$℃之间，如果在水银柱上的空间充以一定的保护气体（常用氮、氩、氢等，防止水银氧化和蒸发），并采用石英玻璃管，可使测量上限达 750℃。若在水银中加入 8.5% 的铊，可测到 -60℃的低温。

水银温度计分全浸式和局浸式两种，前者是将温度计全部浸入恒定温度的介质中与标准温度计比较来进行分度的，后者在分度时只浸到水银球上某一位置，其他部分暴露在规定温度的环境之中进行分度。如果全浸式温度计被当作局浸式温度计使用，或局浸式温度计使用时与制作时的露茎温度不同，都会使温度示值产生误差。另外，温度计毛细管内径不均匀、毛细管现象、视差、温度计与介质间是否达到热平衡等许多因素都会引起温度计读数误差。

（1）零点校正（冰点校正）　玻璃是一种过冷液体，属于热力学不稳定体系，体系随时间有所改变；另一方面，玻璃受到暂时加热后，不能立即回到原来的体积。这两种因素都会引起零点的改变。检定零点的恒温槽称为冰点器，如图 3-2 所示。容器为真空杜瓦瓶，起绝热保温作用，在容器中加入冰（纯净的冰）-水（纯水）混合物。最简单的冰点仪是颈部接一橡皮管的漏斗，如图 3-3 所示。漏斗内盛有纯水制成的冰与少量纯水，冰要经粉碎、压紧、被纯水淹没，并从橡皮管放出多余冰与少量水。检定时，将事先预冷到 $-2 \sim -3$℃的待测温度计垂直插入冰中，直到温度计水银柱的可见移动停止为止。由三次顺序读数的相同数据得出零点校正值 $\pm \Delta t$。

（2）示值校正　水银温度计的刻度是按定点（水的冰点及正常沸点）将毛细管等分刻度的。由于毛细管内径、截面不可能绝对均匀及水银和玻璃膨胀系数的非线性关系，可能造成水银温度计的刻度与国际使用温标存在差异，所以必须进行示值校正。校正的方法是用一支同样量程的标准温度计与待校正温度计同置于恒温槽中进行比较，得出相应的校正值。用于示值校正的恒温槽，应具有较高的控温精度，其误差不能大于 ± 0.03℃。

（3）露茎校正　利用全浸式水银温度计进行测量时，如其不能全部浸没在被测体系（介质）中，则因露出部分与被测体系温度不同，必然存在读数误差。因为温度不同导致水银和玻璃的膨胀情况也不同，对露出部分引起的误差进行的校正称为露茎校正，校正方法如图 3-4 所示。

校正值按下式计算：

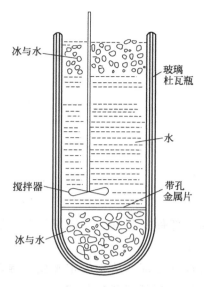

图 3-2 冰点器

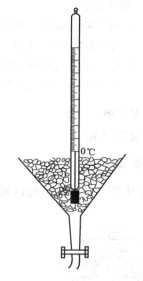

图 3-3 水银温度计的零点校正

$$\Delta t = kl(t_{观} - t_{环})$$

式中 Δt——温度校正值；

k——水银对玻璃的相对膨胀系数，$k=0.000157$；

l——测量温度计水银柱露在空气中的长度（以刻度数表示）；

$t_{观}$——测量温度计上的读数（指示被测介质的温度）；

$t_{环}$——附在测量温度计上的辅助温度计的读数。

露茎校正后的温度为：

$$t_{校} = t_{观} + \Delta t$$

使用水银温度计应注意以下事项：

① 使用前，应根据实验需要对温度计进行校正。

② 温度计尽可能垂直浸入被测体系中。

③ 测温时，温度计水银球不能触及容器壁，以免引起测温误差。

④ 读取温度时，视线与水银柱凸液面位于同一水平线上。

⑤ 防止骤冷骤热，以免引起温度计破裂；防止强光、辐射和直接照射水银球。

⑥ 水银温度计是易碎仪器，且毛细管中的水银有毒，绝不允许作搅拌、支柱等他用，要避免与硬物相碰。

⑦ 温度计用完后，需待其降至室温再冲洗干净，妥善保存。

训练 2 恒温槽的使用

一、训练内容

将玻璃恒温槽的温度恒温在 $30℃$。

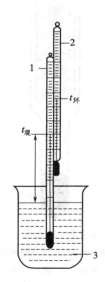

图 3-4 露茎校正

1—温度计；

2—辅助温度计；3—被测体系

想一想：

1. 你了解玻璃恒温槽的构造及恒温原理吗？

2. 接点温度计怎样使用？

3. 你知道怎样使用电动搅拌机吗？

4. 你注意到用电安全了吗？

二、主要仪器

玻璃恒温槽一套

三、操作步骤

☞ 你做好准备工作了吗？确认就开始！

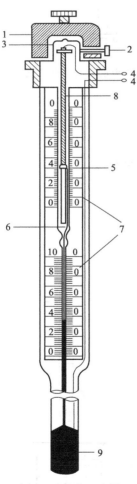

图 3-5　接点温度计

1—调节帽；2—调节帽固定螺丝；

3—磁铁；4—螺丝杆引出线；

4′—水银槽引出线；5—指示铁；

6—触针；7—刻度板；

8—调节螺丝杆；9—水银槽

1. 将恒温槽的各部件安装好。连接好线路，加入自来水至离槽口 5cm 处。

2. 旋松接点温度计上部调节帽固定螺丝，旋转调节帽，使指示标铁上端调到低于所需恒温温度 1～2℃处，再旋紧固定螺丝。

3. 缓慢开动搅拌器，调好适当的速度。

4. 打开加热电源，开始加热（继电器的红色指示灯亮）。

5. 观察测量温度计所指示的温度，当继电器绿色指示灯亮（停止加热），但温度尚未达到需要恒定值时，则向上细调接点温度计指示铁（一般调节帽转一圈温度变化 0.2℃左右），使槽温逐渐升至所需温度。

6. 在恒温槽水温正好处于所需恒定温度（30℃）时，若左右旋转接点温度计的调节帽，继电器上红绿灯就交替变换，则在此位置上旋紧固定螺丝，以后不再动。

7. 停止搅拌，关闭加热电源。

8. 清洁整理。

四、训练评价

1. 能否正确使用接点温度计？

2. 能否正确使用电动搅拌器？

3. 能否将恒温槽的水浴恒温在（30.0±0.1）℃？

五、相关知识

在有些实验中不仅要测量温度，而且需要精确地控制温度。常用的控温装置是恒温槽，而在没有控温装置的情况下，可以用相变点恒温介质浴来获得恒温条件。

1. 接点温度计

接点温度计也是一种玻璃水银温度计，其构造与普通水银温度计不同，如图 3-5 所示。

在毛细管水银上面悬有一根可上下移动的铂丝（触针），并利用磁铁的旋转来调节触针的位置。另外，接点温度计上下两段均有刻度，上段由指示铁指示温度，它焊接上一根铂丝，铂丝下段所处的位置与上段由指示铁指的温度相同。它依靠顶端上部的一块磁铁来调节铂丝的上下位置。当旋转磁铁时，就带动内部螺旋杆转动，使指示铁上下移动。下面水银槽和上面螺旋杆引出两根线作为导电与断电用。当恒温槽温度未达到上端指示铁所指示的温度时，水银柱与触针不接触；当温度上升到指示铁所指示的温度时，铂丝与水银柱接触，并使两根导线导通。

接点温度计是实验中广泛使用的一种感温元件。它常和继电器、加热器组成一个完整的控温恒温系统。在这个系统中，接点温度计的主要作用是探测恒温介质的温度，并能随时把温度信息传送给继电器，从而控制加热开关的通断。它是恒温槽的感觉器官，是提高恒温槽恒温精度的关键所在。

接点温度计的使用方法如下：

① 将接点温度计垂直插入恒温槽中，并将两根导线接在继电器接线柱上。

② 松开接点温度计调节帽上的固定螺丝，旋转调节帽，将指示铁调到稍低于需要恒定的温度。

③ 接通电源，恒温槽指示灯亮（表示开始加热），打开搅拌器中速搅拌。当加热到水银柱与铂丝接触时，指示灯灭（表示停止加热）。此时读取测量温度计上的读数。如低于要恒定的温度，则慢慢调节使指示铁上升，直至达到需要温度为止，然后固定调节螺帽。

使用接点温度计应注意以下事项：

① 接点温度计只能作为温度的触感器，不能作为温度的指示器（因接点温度计的温度刻度很粗糙）。

② 恒温槽的温度必须由测量温度计指示。

③ 应避免骤冷骤热或与硬物接触，以防破裂。

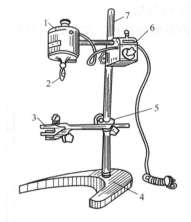

图 3-6　电动搅拌器

1—微型电动机；2—搅拌器扎头；

3—大烧瓶夹；4—底座；5—十字双夹头；

6—转速调节器；7—支柱

2. 电动搅拌器

快速或长时间地搅拌一般都使用电动搅拌器，如图 3-6 所示。它由微型电动机、搅拌器扎头、大烧瓶夹、底座、十字双夹头、转速调节器和支柱组成。所用的搅拌叶由玻璃棒或金属加工而成。搅拌叶有各种不同形状，如图 3-7 所示，供在搅拌不同物料或在不同容器中搅拌时选择。

搅拌叶与搅拌器扎头连接时，先在扎头中插入一段 3～4cm 长的玻璃棒或金属棒，然后再用合适的胶管与搅拌叶相连，如图 3-8 所示。

为了控制和调节搅拌速度，搅拌器的电源由调压变压器提供。通过调节电压来控制搅拌速度。

使用电动搅拌器应注意以下事项：

① 搅拌烧瓶中的物料时，烧瓶要用大烧瓶夹夹稳。

② 搅拌叶要装正，装牢固，不应与容器壁接触。启动前，用手转动搅拌叶，观察是否符合安装要求。

③ 使用时，慢速启动，然后再调至正常转速。搅拌速度不要太快，以免液体飞溅或损坏仪器。停用时，也应逐步减速。

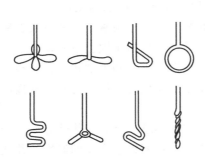

图 3-7 常用的几种搅拌叶

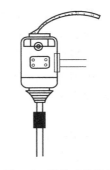

图 3-8 搅拌叶的连接

④ 电动搅拌器运转中，实验人员不得远离，以防电压不稳或其他原因造成仪器损坏。

⑤ 不能超负荷运转。搅拌器长时间转动会使电机发热，一般电机工作温度不能超过 $50\sim60℃$（烫手感觉）。必要时可停歇一段时间再用或用电风扇吹以达到良好散热。

3. 恒温槽

恒温槽由浴槽、加热器、搅拌器、接点温度计、继电器和温度计等部件组成，如图 3-9 所示。

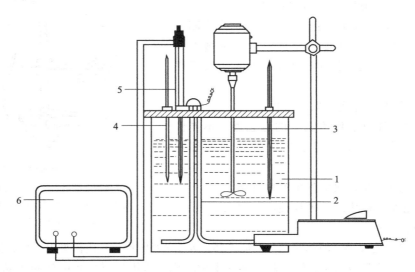

图 3-9 恒温槽构件及组成图

1—浴槽；2—加热器；3—搅拌器；
4—1/10℃温度计；5—接点温度计；6—恒温控制器

（1）浴槽和恒温介质　通常选用 $10\sim20L$ 的玻璃槽（市售超级恒温槽浴槽为金属筒，并用玻璃纤维保温）。恒温温度在 100℃ 以下大多采用水浴。恒温在 50℃ 以上的水浴面上可加一层石蜡油，超过 100℃ 的恒温用甘油、液体石蜡等作恒温介质。

（2）温度计　通常用 1/10℃ 的温度计测量恒温槽内的实际温度。

（3）加热器　常用的是电阻丝加热圈，其功率一般在 1kW 左右。为改善控温、恒温的灵敏度，自己组装的恒温槽可用调压变压器改变炉丝的加热功率（501 型超级恒温槽有两组不同功率的加热炉丝）。

（4）搅拌器　搅拌器的作用是使介质能上下左右充分混合均匀，即使介质各处温度均匀。

（5）接点温度计　又称水银定温计，它是恒温槽的感温元件，用于控制恒温槽所要求的温度。

（6）继电器　继电器与接点温度计、加热器协同作用，才能使恒温槽的温度得到控制。当恒温槽中的介质未达到所需要控制的温度时，插在恒温槽中的接点温度计水银柱与铂丝是断开的，这一信息传送给继电器，继电器打开加热器开关。此时继电器红灯亮表示加热器正在加热，恒温槽中介质温度上升。当水温升高到所需控制温度时，水银柱与铂丝接触，这一信号传送给继电器，它将加热器开关关闭。此时继电器绿灯亮，表示停止加热。水温由于向周围散热而下降，从而接点温度计水银柱又与铂丝断开，继电器又重复前一动作，使加热器继续加热。如此反复进行，使恒温槽内水温自动控制在所需温度范围内。

（7）恒温槽的灵敏度　恒温槽控温的温度波动范围反映恒温槽的灵敏程度。所以灵敏度就是衡量恒温槽好坏的主要指标。控制温度波动范围越小，槽内各处温度越均匀，恒温槽的灵敏度就越高。它除了与感温元件、电子继电器有关外，还与搅拌器的效率、加热器的功率和各部件的布局情况有关。

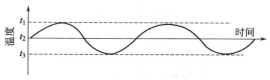

恒温槽灵敏度的测定是在指定温度下，用较灵敏的温度计测量温度随时间的变化，

图 3-10　恒温槽的温度-时间曲线

然后作出温度-时间曲线图（灵敏度曲线），如图 3-10 所示。若温度波动范围的最高温度为 t_1，最低温度为 t_2，则恒温槽的灵敏度 t_0 为：

$$t_0 = \pm \frac{t_1 - t_2}{2}$$

 拓展知识

1. 501 型超级恒温槽

① 501 型超级恒温槽附有电动循环泵，可外接使用，将恒温水输送到待测体系的水浴槽中。还有一对冷凝水管，控制冷水的流量可以起到辅助恒温作用。

② 使用时首先连好线路，用橡胶管将水泵进出口与待测体系水浴相连，若不需要将恒温水外接，可将泵的进出水口用短橡胶管连接起来。注入纯净水至离盖板 3cm 处。

③ 旋松接点温度计调节帽上的固定螺丝，旋转调节帽，使指示标线上端调到低于所需温度 1~2℃，再旋紧固定螺丝。

④ 接通总电源，打开"加热"和"搅拌"开关。此时加热器、搅拌器及循环泵开始工作，水温逐渐上升。待加热指示灯红灯熄绿灯亮时，断开"加热"开关（加热开关控制 1000W 电热丝专供加热用。总电源开关控制 500W 电热丝供加热、恒温同时使用）。

⑤ 仔细调节接点温度计，使槽温逐渐升至所需温度。在此温度下，若左右旋转接点温度计的调节帽，继电器上红绿灯交替变换，则旋紧固定螺丝后不再动。

使用注意事项：

① 接点温度计只能作为定温器，不能作温度的指示器。恒温槽的温度必须用专用测温的水

银温度计。

② 一般用纯净水作恒温介质。若无纯净水而只能用自来水作恒温介质时，则每次使用后应将恒温槽清洗一次，防止水垢积聚。

③ 注意被恒温的溶液不要洒入槽内。若水浴被污染，则要停用、换水。

④ 用毕应将槽内的水倒出、吸尽，并用干净布擦干，盖好槽盖，套上塑料罩。

2. 电磁搅拌器（磁力搅拌器）

当液体或溶液体积小、黏度低时，用电磁搅拌最为方便。电磁搅拌特别适用于在滴定分析中代替用手振摇锥形瓶。在盛有液体的容器内放入搅拌子（又称转子，在密封的玻璃或合成树脂内放入铁丝制成），磁力搅拌器通电后，底座中电动机使磁铁转动，这个转动磁场使转子跟着转动，从而完成搅拌作用，如图 3-11 所示。有的电磁搅拌器内部还装有加热装置，这种磁力加热搅拌器既可加热又能搅拌，使用方便，如图 3-12 所示。加热温度可达 80℃，磁子有大、中、小三种规格，可根据器皿大小、溶液多少进行选择。

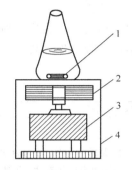

图 3-11　电磁搅拌装置
1—转子；2—磁铁；
3—电动机；4—外壳

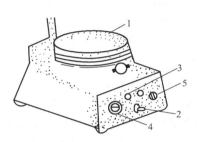

图 3-12　磁力加热搅拌器
1—磁场盘；2—电源开关；3—指示灯；
4—调速调节旋钮；5—加热调节旋钮

使用电磁搅拌器应注意以下事项：

① 电磁搅拌器工作时必须接地。

② 转子要轻轻地沿器壁放入。

③ 搅拌时缓慢调节调速旋钮，速度过快会使转子脱离磁铁的吸引。如转子不停跳动时，应迅速将旋钮旋到停位，待转子停止跳动后再逐步加速。

④ 先取出转子再倒出溶液，及时洗净转子。

思　考　题

1. 水银温度计是如何测量温度的？
2. 水银温度计中的"安全泡"具有什么作用？
3. 温度计用完后，不经降温即用冷水刷洗会造成什么后果？
4. 使用电磁搅拌器有哪些要点？
5. 恒温槽是如何实现控温的？
6. 普通恒温槽和超级恒温槽有什么不同？
7. 接点温度计可以用来测量恒温水浴的温度吗？

项目二　压力的测量

压力是用来描述体系状态的一个重要参数，物质的许多物理性质，如熔点、沸点、蒸气压等都与压力有关。在物质的相变和气相化学反应中，压力是一个很重要的影响因素，所以压力的测量具有很重要的意义。

本项目以大气压力计的使用为例进行练习。

训练　大气压力计的使用

一、训练内容

使用福丁式气压计测量大气压力。

想一想：

1. 你了解福丁式气压计的结构吗？

2. 你知道如何使用福丁式气压计吗？

二、主要仪器

福丁式气压计一支

三、操作步骤

☞　你做好准备工作了吗？确认就开始！

1. 调整零点。

2. 调节游标。

3. 读数。

4. 下调汞面。

5. 整理。

四、数据记录

大气压力 ＝＿＿＿＿ mmHg ＝＿＿＿＿ Pa

五、训练评价

1. 对福丁式气压计结构的了解程度。

2. 是否能正确使用福丁式气压计？

六、相关知识

1. 压力的测定

压力是指均匀垂直于物体单位面积上的力，又叫压强。在国际单位制（SI）中，压力的单位是 Pa（帕斯卡），$1Pa ＝ 1N \cdot m^{-2}$。在化学实验中还经常以毫米汞柱（mmHg）表示压力。

压力有绝对压力、表压力和真空度（负压）之分，它们之间的关系为：

① 当被测体系的压力大于外界大气压力时，表压力＝绝对压力－大气压力；

② 当被测体系的压力低于外界大气压力时，真空度＝

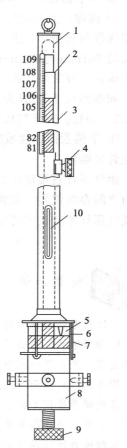

图 3-13　福丁式气压计

1—抽真空玻璃管；2—游标尺；

3—黄铜管；4—螺旋；5—玻璃管；

6—象牙针；7—通大气汞面；

8—贮汞槽；9—螺旋；10—温度计

大气压力－绝对压力。

实验室中用于测量气体压力的仪器有 U 形管液柱压力计和福丁式气压计。

2. 福丁式气压计

(1) 福丁式气压计的结构　福丁式气压计是实验室普遍使用的大气压力测量仪器。其构造如图 3-13 所示，主要部件为一根插入贮汞槽内的玻璃管，玻璃管顶端封闭，内部真空。贮槽中的汞面经槽盖缝隙与大气相通，因此玻璃管内汞柱的高度即表示大气压力。玻璃管外是一黄铜管，其顶部开有一长方形窗孔，以便观察玻璃管内水银面的位置，窗孔旁附有刻度标尺和游标尺，转动螺旋可使游标尺上下移动，从而精确测得汞柱高度。黄铜管中附有温度计，用以对读数进行温度校正。贮汞槽的底部为一皮袋，下部由螺旋支撑，转动此螺旋可调节汞面的高度。贮汞槽上部有一象牙针，针尖的位置是刻度标尺的零点。

(2) 福丁式气压计的使用　气压计应垂直悬挂于稳妥处，使用时按下列程序进行。

① 调整零点。旋转底部螺旋，调节贮汞槽的汞面恰好与象牙针尖接触（调节时可利用贮汞槽后白色瓷板的反光来观察汞面与针尖的空隙逐渐变小）。

② 调节游标。转动游标尺调节螺旋，直到游标尺下缘恰与汞柱的凸液面相切。

③ 读数。先从游标尺零线与黄铜标尺对应的刻度读出大气压力的整数部分。例如，游标零线恰与黄铜标尺上 760mm 处重合，则气压读数为 760mmHg；如果游标零线位于黄铜标尺的 761mm 与 762mm 之间，则气压读数的整数部分为 761mmHg，其小数部分需在游标尺上读出。方法是：找出游标尺与黄铜标尺相重合的刻度线，此游标刻度即为气压的小数部分。如游标尺上数值为 5 的刻度线与黄铜标尺的某一刻度线重合，则此气压读数应为 761.5mmHg。记下气压读数的同时，还应记录气压计上的温度读数，以便进行温度校正。

④ 下调汞面。读数完毕，应转动气压计底部螺旋，将汞面下调至象牙针完全脱离，以避免针尖磨损。

由气压计直接读出的以 mm 表示的汞柱高度往往因温度、地球纬度等不同而与真实气压值之间存在偏差。在需要精确测量气压时，还应对测得的气压读数进行温度、重力加速度以及气压计本身误差等的校正。此外，气压的单位也应换算成 Pa，其换算关系是：

$$1atm（标准大气压）＝760mmHg ＝ 1.0133×10^5 Pa$$

 拓展知识

1. U 形管液柱压力计

U 形管液柱压力计是根据 U 形玻璃管内液柱的高度差来测量体系与大气的压力差。常用的液体是汞，所以又叫水银压力计，可分为开口式和封闭式两种，如图 3-14 所示。

图 3-14(a) 为开口式压力计。其两臂汞柱高度之差，就是大气压力与被测系统压力之差。因此，当被测系统压力低于大气压力时，被测系统内的实际压力（真空度）等于大气压减去汞柱差值。相反，当被测系统压力高于大气压力时，被测系统内的实际压力等于大气压加上汞柱差值。这种压力计准确度较高，容易装汞，但若操作不当，汞易冲出，安全性差。

图 3-14(b) 为封闭式压力计。其两臂汞柱高度之差即为被测系统内的实际压力（真空度）。这种压力计读数方便，操作安全，但有时会因空气等杂质混入而影响其准确性。

使用 U 形管液柱压力计测量压力时，将 U 形管的一端通过橡胶管与待测体系连接起来即可。

汞的密度会随着温度的不同而发生变化（压力计木质标尺的长度也会有微小变化，其线膨

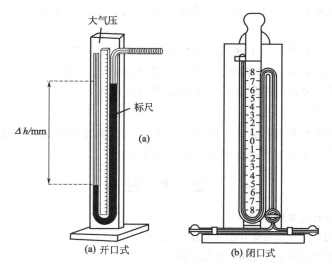

图 3-14　水银压力计

胀系数约为 10^{-6}，可忽略不计），因此从压力计上读取的压差通常需要按下式进行温度校正：

$$\Delta p = \Delta p_t(1 - 0.00018t)$$

式中　Δp——校正后的压差，mmHg；

　　　Δp_t——测量时读取的压差，mmHg；

　0.00018——汞的体膨胀系数，℃^{-1}；

　　　　t——测量时的温度，℃。

应当指出的是，从压力计上读取的 Δp_t 和校正后的 Δp，其单位都是 mmHg，需按下列关系式将其换算成以 Pa 为单位表示的压差。

$$1\text{mmHg} = 1.333 \times 10^2 \text{Pa}$$

2. 弹簧管压力表与真空表

弹簧管压力表是利用各种金属弹性元件受压后产生弹性变形的原理而制成的测压仪表。图 3-15 为弹簧管压力表示意图。

当弹簧管内的压力等于管外的大气压力时，表上指针指在零位读数上；当弹簧管内的液体压力大于管外的大气压力时，则弹簧管受压，使管内椭圆形截面扩张而趋向于圆形，从而使弧形管伸张而带动连杆，由于这一变形很小，所以用扇形齿轮和小齿加以放大，以便使指针在表面上有足够的转动幅度，指出相应的压力读数，这个读数就是被测量流体的表压。

如果被测量气体或液体的压力低于大气压，可用弹簧真空表，它的构造与弹簧压力表相同，当弹簧管内的流体压力低于管外大气压时，弹簧管向内弯曲，表面上指针从零位数向相反方向转动，所以指针的读数为真空度。

有的弹簧管压力表将零位读数刻在表面中间，可用

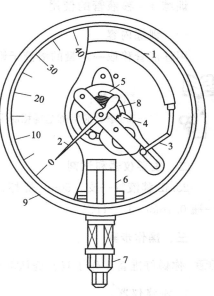

图 3-15　弹簧管压力表

1—金属弹簧管；2—指针；3—连杆；
4—扇形齿轮；5—弹簧；6—底座；
7—测压接头；8—小齿轮；9—外壳

来测量表压，也可以测量真空度，称为弹簧压力真空表。但若测量体系内压力在 133.36 Pa 以下，则需要用真空规。

在选用弹簧管压力表时，为了保证指示的正确可靠，正常操作压力值应介于压力表测量上限（表面最大读数）的 1/3～2/3 之间。另外，还要考虑被测介质的性质。如温度高低、黏度大小、腐蚀性强弱、沾污程度、易燃易爆及现场的环境条件等，以此来确定压力表的种类、材质及型号。

弹簧管压力表和真空表的特点是：结构简单牢固，读数方便迅速，测压范围很广，价格较便宜，但准确度较差。在工业生产和实验室中应用十分广泛。

思 考 题

1. 使用福丁式气压计应如何操作？
2. 精确测量压力时，为什么需要对压力计进行校正？
3. 绝对压力、表压力和真空度之间有什么关系？

项目三 体积的测量

体积是物体占有空间部分的大小。物体通常有固体、液体和气体三种状态，它们的体积测量也不尽相同。其中，液体体积的测量是最基本和最常用的，在滴定分析中，用于准确测量溶液体积的玻璃仪器有滴定管、容量瓶和吸管。正确使用这些仪器是滴定分析最基本的操作技术。

本项目以移液管和滴定管的使用为例进行练习。

训练 1 移液管的使用

一、训练内容

用移液管移取一定量的溶液于锥形瓶中。

想一想：
你了解移液管的结构和使用方法吗？

二、主要仪器和试剂

25mL 移液管一支，50mL 烧杯、250mL 锥形瓶、洗瓶、回收瓶、洗耳球各一个，洗涤剂一瓶 $0.1mol \cdot L^{-1} HCl$

三、操作步骤

☞ 你做好准备工作了吗？确认就开始！

1. 洗涤仪器。
2. 润洗移液管。
3. 准确移取 25mL $0.1mol \cdot L^{-1} HCl$ 溶液于锥形瓶中。
4. 回收整理。

四、训练评价

评价项目	评价标准		得分
	内 容	总扣分值	
洗 涤	仪器是否洗涤干净	10	
润 洗	溶液用量是否合适	10	
	润洗次数是否符合要求	10	
	润洗方法是否正确	10	
移 液	插入液面下深度是否符合要求	10	
	调整液面时是否会微调	10	
	视线与刻度线是否水平	10	
	移液管是否垂直	10	
	放完液体后停留时间是否足够	10	
清洁整理	溶液是否回收	5	
	仪器有无损坏	5	
合 计			

五、相关知识

吸管是用来准确量取一定体积液体的玻璃仪器。吸管包括单标线中间有球体的移液管和具有均匀刻度的吸量管,如图 3-16 所示。

(1) 润洗　用吸管移取溶液前,应用该溶液将吸管润洗 3 次。润洗吸管的方法如下:将待移溶液倒入一干燥洁净的小烧杯中,用吸管吸入其容积的 1/3 左右,倾斜吸管并慢慢转动使吸管润洗充分,从下口弃去溶液,如此重复操作 3 次即可。

(2) 移取溶液　先用滤纸将吸管尖内外水吸干,用右手大拇指及中指拿住管颈标线上方,将吸管插入待吸溶液液面下 2~3cm 处,左手拿洗耳球,先将洗耳球内空气压出,然后把洗耳球尖端紧按到吸管口上,慢慢松开握球的手指,溶液即逐渐被吸入管内。待溶液超过吸管标线以上 5mm 左右时,迅速移开洗耳球,用右手食指按住管口,将吸管上提离开液面。另取一洁净的烧杯,使吸管垂直,管尖紧贴已倾斜的小烧杯内壁,微微松动食指,并用拇指和中指轻轻捻转吸管,使液面平稳下降,直至溶液弯液面下端与标线相切时,立即用食指按住管口,使溶液不再流出。左手改拿接收容器,并使接收容器倾斜约30°,将管尖紧贴

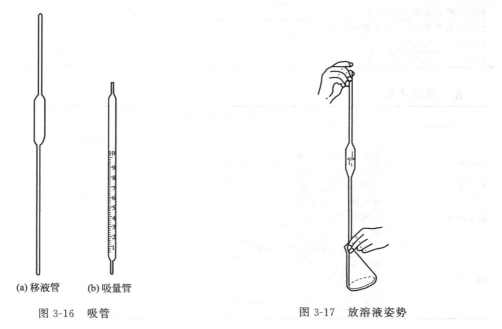

(a) 移液管　　(b) 吸量管

图 3-16　吸管　　　　　　　　　　　图 3-17　放溶液姿势

接收容器内壁，松开右手食指，使溶液自然流出，如图 3-17 所示，待液面下降到管尖后，再等待 15s 取出吸管。有的吸管上标有"吹"字，放完溶液后需用洗耳球将管尖溶液吹出。

训练 2　滴定管的使用

一、训练内容

滴定操作及滴定终点的练习。

想一想：
1. 你会使用滴定管吗？
2. 怎样用指示剂来判断滴定终点？

二、主要仪器和试剂

滴定台一套，50mL 碱式滴定管一支，25mL 移液管一支，50mL 烧杯、洗瓶、回收瓶、洗耳球各一个，250mL 锥形瓶三个，小块滤纸若干

$0.1mol \cdot L^{-1}$ HCl、$0.1mol \cdot L^{-1}$ NaOH、$10g \cdot L^{-1}$ 酚酞指示剂、洗涤剂一瓶

三、操作步骤

☞ 你做好准备工作了吗？确认就开始！

1. 洗涤润洗仪器。

2. 用 25mL 移液管移取 $0.1mol \cdot L^{-1}$ HCl 溶液于 250mL 锥形瓶中。

3. 加入 2 滴酚酞指示剂，用 $0.1mol \cdot L^{-1}$ NaOH 溶液滴定至溶液由无色变为浅粉红色 30s 不褪色为终点。记录所滴定 NaOH 溶液的用量，准确至 0.01mL。平行测定三次。

4. 回收整理。

四、数据记录与处理

测　定　次　数	1	2	3
移取盐酸溶液的体积 V(HCl)/mL	25.00	25.00	25.00
滴定消耗氢氧化钠溶液的体积/mL			
V(HCl)/V(NaOH)			
V(HCl)/V(NaOH)平均值			

五、训练评价

评价项目	评　价　标　准		得分
	内　容	总扣分值	
洗涤润洗	仪器是否洗涤干净	5	
	润洗方法是否正确	5	
移　液	移液方法是否正确	5	
滴定准备	加液操作是否正确	5	
	排气操作是否正确	5	
	调零操作是否正确	5	
滴　定	手捏玻璃珠的方法是否正确	10	
	滴定速度控制是否合适	10	
	是否倒吸空气	5	
	摇瓶操作是否正确	10	
	读数是否正确	10	

续表

评价项目	评 价 标 准		得分
	内　容	总扣分值	
数据记录与处理	数据记录是否正确	5	
	计算是否正确	10	
清洁整理	溶液是否回收	5	
	仪器有无损坏	5	
合　计			

六、相关知识

1. 滴定管

滴定管是滴定时用来准确测量流出滴定剂体积的量器。常用的滴定管容积为 50mL 和 25mL，滴定管可读数至 0.01mL。

实验室最常用的滴定管按用途的不同分为两种：下部带有磨口玻璃旋塞用来装酸溶液的叫酸式滴定管，如图 3-18(a) 所示；下部连接一乳胶管，内放一粒玻璃珠用来装碱溶液的叫碱式滴定管，如图 3-18(b) 所示。按要求不同分为无色滴定管、棕色滴定管（用于装高锰酸钾、碘、硝酸银等溶液）、蓝线背景滴定管。近年来，又生产出新型的聚四氟乙烯酸碱两用的滴定管，即旋塞是由耐酸碱的聚四氟乙烯材料制成的。

在滴定分析中，为了准确测量溶液的体积，必须熟练掌握滴定管的使用方法。

（1）使用前的准备

① 洗涤。将滴定分析中用到的玻璃仪器都要洗涤干净（除要求干燥外）。

② 涂油。酸式滴定管涂油（起密封和润滑作用）的方法是：倒尽滴定管中的水，抽出旋塞，用滤纸擦干旋塞和旋塞套内的水及油污，用手指蘸少量凡士林在旋塞两头各均匀地涂上薄薄一层，将旋塞插入旋塞套内，然后按同一个方向旋转旋塞直至外面观察时全部透明为止。最后用小乳胶圈套在玻璃旋塞小头槽内，以免塞子松动或滑出而损坏。

碱式滴定管使用前要检查乳胶管长度是否合适、是否老化，要求乳胶管内玻璃珠大小合适，如发现不合要求，应重新装配玻璃珠和乳胶管。

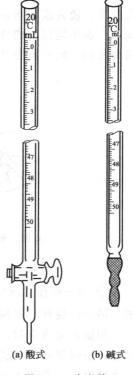

(a) 酸式　　(b) 碱式

图 3-18　滴定管

③ 试漏。将涂好油的酸式滴定管充水至"0"刻度，将其夹在滴定管夹上静置 2min，观察液面是否下降，滴定管下端管口及旋塞两端是否有水渗出。将旋塞转动 180°，再重复以上操作。若前后两次均无水渗出，即可使用，否则应重新处理。

碱式滴定管只需充满水直立 2min，若管尖处无水滴滴下即可使用。

④ 溶液（标准滴定溶液或待定溶液）的装入。将滴定管用待装溶液润洗三次（每次用量为几毫升），注意润洗时滴定管出口、入口以及整个滴定管的内壁都要润洗到。最后，关好酸式滴定管的旋塞，将溶液装至"0"刻度以上。

⑤ 赶气泡。滴定管装好溶液后，检查出口管是否充满溶液，是否有气泡。酸式滴定管赶气泡的方法是：右手拿滴定管上部无刻度处，左手迅速打开旋塞使溶液冲出排除气泡。碱

式滴定管赶气泡的方法如图 3-19 所示：左手拇指和食指捏住玻璃珠所在部位稍上处，使乳胶管向上弯曲，出口倾斜向上，然后轻轻捏挤乳胶管，溶液带着气泡一起从管口喷出，然后再一边捏乳胶管，一边将乳胶管放直。注意：乳胶管放直后，才能松开左手拇指和食指，否则出口管仍有气泡。

图 3-19　碱式滴定管赶除气泡的方法

（2）滴定管的使用

① 滴定管的操作。滴定时，滴定管垂直夹在滴定台架上。

酸式滴定管的操作：如图 3-20（a）所示，左手无名指和小指向手心弯曲，轻轻贴着出口管，手心空握，用其余三指转动旋塞。注意：手心要内凹，以防触动旋塞造成漏液。

碱式滴定管的操作：如图 3-20（b）所示，用左手无名指和小指夹住管出口，拇指在前、食指在后，捏住乳胶管内玻璃珠偏上部，往一旁捏乳胶管，使乳胶管与玻璃珠之间形成一条缝隙，溶液即从缝隙处流出。注意：不要用力捏玻璃珠；也不能捏玻璃珠下部的乳胶管，以免空气进入形成气泡；停止滴定时，应先松开大拇指和食指，然后再松开无名指和小指。

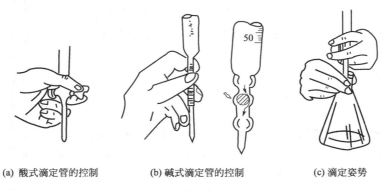

(a) 酸式滴定管的控制　　　(b) 碱式滴定管的控制　　　(c) 滴定姿势

图 3-20　滴定管与滴定操作

② 滴定操作。滴定一般在锥形瓶或碘量瓶中进行，滴定开始前，应将滴定管尖的液滴用一洁净小烧杯轻轻碰下。

用锥形瓶滴定时，如图 3-20（c）所示，用右手前三指握住瓶颈，无名指和小指辅助在瓶内侧，锥形瓶底部离滴定台 2～3cm，使滴定管尖端伸入瓶口 1～2cm。左手按前述的规范动作滴加溶液，右手用腕力摇动锥形瓶，做到边滴定边摇动使溶液随时混合均匀。

若在碘量瓶中进行滴定，瓶塞不允许放在其他地方，以免沾污，而是要夹在右手中指与无名指之间。

滴定操作时应注意以下事项：滴液速度要适当，刚开始滴定速度可稍快，一般为 3～4 滴/s，不可成水线滴下，接近终点时滴定速度要放慢，加一滴，摇几下，最后加半滴，摇动，直至到达终点。加半滴办法如下：微微转动旋塞，使溶液悬挂在管口尖，形成半滴，用锥形瓶内壁将其靠落，再用洗瓶以少量纯水将附在瓶壁的溶液冲下。冲水次数不要超过三次，否则溶液太稀导致终点变色不敏锐；每次滴定开始前，都要装溶液并调零，滴定结束后停留 0.5～1min 再进行读数。

③ 滴定管读数。读数时将滴定管从滴定台上取下，用右手大拇指和食指捏住滴定管上部无刻度处，使滴定管自然下垂，眼睛平视液面，如图 3-21(a) 所示，按下列方法读数。无色或浅色溶液读弯液面下缘实线最低点；有色溶液（如高锰酸钾、碘等）读液面两侧最高点；蓝线滴定管读溶液的两个弯液面与蓝线相交处，如图 3-21(c) 所示。为了便于读数，可采用读数卡（这种方法有利于初学者练习读数），对于无色或浅色溶液，可以用黑色读数卡作为背景，将读数卡衬于滴定管的背面，使黑色部分在弯液面下约 1cm 处，如图 3-21(b) 所示，此时弯液面的反射层全部为黑色，然后读取与此黑色弯液面下缘的最低相切的刻度；对于有色溶液，可改用白色读数卡作为背景。注意滴定管读数要读到小数点后第二位。

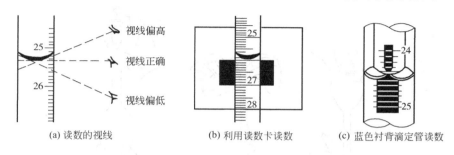

(a) 读数的视线   (b) 利用读数卡读数   (c) 蓝色衬背滴定管读数

图 3-21 滴定管读数

2. 滴定终点的判断

两物质发生化学反应，当两物质的量相当时，即恰好按照化学计量关系定量反应时，就达到化学计量点。为了准确确定化学计量点，常在被测溶液中加入指示剂，它在化学计量点时发生颜色变化，这种滴定过程中指示颜色变化的转折点称为"滴定终点"，简称"终点"。

一定浓度的氢氧化钠溶液和盐酸溶液相互滴定达到终点时所消耗的体积比应是一定的，初学时可用来检验滴定操作技术及判断终点的能力。

酚酞指示剂为无色的二元酸，在酸性溶液中为无色，在碱性溶液中呈红色，它的变色pH 范围是 8.2～10.0。

 拓展知识

容量瓶的使用

容量瓶是用于测量容纳液体体积的一种"量入式量器"，主要用于配制标准滴定溶液，也可以用于将一定量的浓溶液稀释成准确浓度的稀溶液。其容量定义为：在 20℃时，充满至刻度线所容纳水的体积，以 mL 计。

（1）试漏 容量瓶在使用前应先检查是否漏水，方法是加水至容量瓶的标线处，盖好瓶塞，一只手用食指按住瓶塞，其余手指拿住瓶颈标线以上部分，另一只手用指尖托住瓶底边缘，将瓶倒置 2min，如图 3-22(a) 所示，然后用滤纸检查瓶塞周围是否有水渗出，如不漏水，将瓶直立，把瓶塞旋转 180°后，再试漏，如不漏水，即可使用。

（2）溶液转移 如用水溶解基准物质配制一定体积的标准滴定溶液时，先将准确称取的固体物质置于小烧杯中，用纯水将其溶解，再将溶液定量转移入容量瓶中。转移方法是用右手拿玻璃棒并将其伸入容量瓶中靠住瓶颈内壁，左手拿烧杯并将烧杯嘴边缘紧贴玻璃棒中下部，倾斜烧杯使溶液沿玻璃棒流入容量瓶中，如图 3-22(b) 所示，待溶液全部流完后，将烧杯沿玻璃棒轻轻上提，再直立烧杯。残留在烧杯内和玻璃棒上的少许溶液要用洗瓶自上而下吹洗 5～6 次（每次加 5～6mL），每次的洗涤液都按上述方法全部转移至容量瓶中。

（3）定容　往容量瓶中加入纯水，当纯水加至容量瓶总容量约 2/3 时，拿起容量瓶按水平方向旋转几圈，使溶液初步混合均匀，继续加纯水至距标线 1cm 处，放置 1～2min，使附在瓶颈内壁的溶液流下，再用长滴管从容量瓶口沿边缘滴加纯水至弯液面下缘实线最低点与标线相切为止，盖紧瓶塞。

（4）摇匀　溶液在容量瓶中定容后，用一只手食指按住瓶塞上部，其余四指拿住瓶颈标线上部，另一只手的指尖托住瓶底边缘将容量瓶反复倒置振摇 8～10 次，如图 3-22(c) 所示。

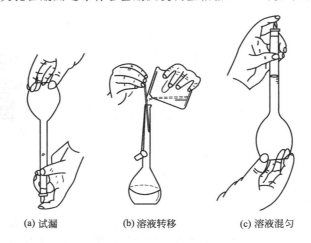

(a) 试漏　　　　　(b) 溶液转移　　　　　(c) 溶液混匀

图 3-22　容量瓶的操作

使用容量瓶应注意以下事项：

① 摇匀溶液时，手心不可以握住容量瓶的底部，这样会加热容量瓶内溶液。

② 容量瓶瓶塞要用橡皮筋系在瓶颈上，绝能不能放在桌面上。

③ 容量瓶不允许放在烘箱内烘干，不允许盛放热溶液。

思　考　题

1. 吸管和滴定管能用吹风机吹干吗？

2. 酸式滴定管使用前如何涂油？如何试漏？

3. 容量瓶如何试漏？

4. 用于滴定的锥形瓶是否需要干燥？要不要用操作溶液润洗？

5. 如何控制和判断滴定终点？

课题四　物质的物理常数测定技术

物理常数是物质的重要物理特性。在工业生产中，常以物理常数作为原料、中间体和产品是否合格的重要指标。本课题重点讨论密度、沸点、熔点、折射率、比旋光度、电导率等最常用的物理常数的测定技术。

项目一　密度的测定

密度是最常用的物理常数之一。不同聚集状态的物质，测定密度的方法不同。即使是同一种聚集状态的物质，根据测量精度的不同，也有不同的测量方法。

本项目以对于测量精度要求不太高的密度计法和符合国家标准的密度瓶法为例进行液体密度测定练习。

训练1　密度计法测定密度

一、训练内容

用密度计测定水、乙醇、丙酮的密度。

想一想：

1. 水、乙醇、丙酮哪种物质密度大？

2. 可以用同一支密度计（见图4-1）测量这三种物质的密度吗？

3. 密度计上的刻度表示什么意思？

4. 如何读取密度计的刻度？

二、主要仪器和试剂

密度计一套、100mL或200mL量筒一个、温度计一支

水、乙醇、丙酮

三、操作步骤

☞ 你做好准备工作了吗？确认就开始！

1. 选择合适的密度计一支。

2. 将待测的试样小心倾入清洁的量筒中至满刻度附近（试样中不得有气泡）。

3. 将密度计用滤纸擦拭干净，手持密度计上端，轻轻插入量筒中，不得触及筒底和筒壁，用手扶住，让其缓缓上升。

4. 密度计停止摆动后，水平观察，读取与测量液体液面刻度平齐的读数（见图4-2）。

5. 测定溶液的温度。

6. 将密度计洗净，擦拭干净，放回密度计盒中。

7. 清洗量筒，并放回指定位置。

8. 清洁整理。

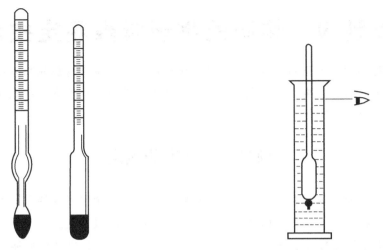

图 4-1　密度计　　　　　　　　　　　　　　　图 4-2　密度计的使用

四、训练评价

评价项目	评　价　标　准		得分
	内　　容	总扣分值	
取　液	量筒是否清洁	10	
	取液量是否合适	10	
密度计的使用	密度计是否擦拭干净	10	
	密度计是否碰触瓶壁或瓶底	10	
	读数时密度计是否停止摆动	10	
	读数时眼睛是否与测量弯月面上缘平齐	20	
	密度计使用完是否擦拭干净后放回密度计盒内	10	
清洁整理	台面是否整洁	5	
	仪器是否摆放在指定位置	10	
	仪器有无损坏	5	
合　计			

五、相关知识

1. 密度计法测定原理

密度计法测定密度，是根据阿基米德浮力定律，即当物体完全浸没于液体中时，它所受到的浮力等于排开液体的重量。密度计越往上浮，液体的密度就越大；反之，密度计越往下沉，液体的密度就越小。根据密度计浮于液体的位置，可直接读出被测液体的密度。

2. 密度计的结构

密度计是一支封口的薄玻璃管（见图 4-1），上部均匀，有等距离刻度；中间较粗，内有空气，放在液体中即可浮起；下部装有铅粒，形成重锤，可使密度计直立。

3. 密度计的选择

密度计都是成套的，每支只能测定一定范围内液体的密度，使用时要根据待测液体的密度大小，选择不同量程的密度计。

训练2　密度瓶法测定密度

一、训练内容

用密度瓶测定水、乙二醇的密度。

想一想：

1. 密度瓶是什么样子的？
2. 如何用密度瓶测定液体的密度？

二、主要仪器和试剂

25mL 密度瓶一个、超级恒温槽一套、分析天平一台、电吹风一个、洗瓶一个
乙二醇、乙醇（洗涤用）

三、操作步骤

☞ **你做好准备工作了吗？确认就开始！**

1. 将密度瓶先用水洗涤后，再用乙醇洗涤。
2. 用电吹风将瓶各部位吹干。
3. 用分析天平将密度瓶称量并记录。
4. 取下温度计及孔罩，用新煮沸并冷却至20℃的蒸馏水充满密度瓶，瓶内不得有气泡。然后插入温度计，液体表面不得有泡沫。
5. 将密度瓶置于超级恒温槽中于（20.0±0.1）℃恒温20min，至温度计显示20℃，盖上侧孔罩（注意侧管中的液面必须与管口平齐）。
6. 取出密度瓶，用滤纸擦干其外壁上的水，迅速称量（防止液体挥发而影响测量结果的准确性）。
7. 将密度瓶中的水倒出，并用乙醇洗涤后，用电吹风干燥。
8. 取下温度计及孔罩，装入乙二醇，瓶内不得有气泡，然后插上温度计；重复步骤5和6，称得密度瓶加试样的质量。
9. 用式(4-2)对称量结果进行计算。
10. 清洁整理。

四、数据记录和处理

密度瓶的质量：＿＿＿＿＿＿ g

密度瓶＋水的质量：＿＿＿＿＿＿ g

密度瓶＋试样的质量：＿＿＿＿＿＿ g

20℃时乙二醇的密度：＿＿＿＿＿＿ g·cm^{-3}

五、训练评价

评价项目	评 价 标 准		得分
	内　容	总扣分值	
密度瓶的洗涤、干燥	是否依次用蒸馏水、乙醇洗涤	10	
	是否干燥	5	
恒　温	是否恒温至指定温度	10	
称　量	密度瓶是否擦干，称量是否迅速	10	
	称量是否准确	15	
	密度瓶内是否有气泡	15	
	瓶内液体侧管中液面是否与管口平齐	15	
计算结果	测定结果与文献值误差是否小于0.2%	10	

续表

评价项目	评 价 标 准		得分
	内　容	总扣分值	
清洁整理	台面是否整洁	5	
	仪器有无损坏	5	
合　计			

六、相关知识

用密度计测定液体的密度，方便、快捷，但准确度较低。而用密度瓶法测定液体密度，准确度要高得多。

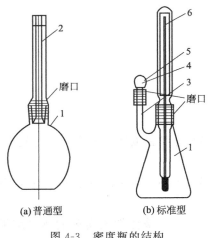

图 4-3　密度瓶的结构

1—密度瓶主体；2—毛细管；3—侧管；

4—侧孔；5—侧孔罩；6—温度计

1. 测量原理

$$\rho = \frac{m}{V} \qquad (4-1)$$

式中　ρ——密度，$g \cdot cm^{-3}$；

m——物质的质量，g；

V——物质的体积，cm^3。

物质的质量可根据精度要求，用分析天平称量。而要准确地测量液体的体积，有一定难度，故而采取比较法。

在规定温度 20℃ 时，分别测定同一密度瓶中的水及待测液体的质量，用水的质量及密度可以确定待测液体的体积。

$$\rho = \frac{m_{样}}{m_{水}} \rho^0 \qquad (4-2)$$

式中　ρ——20℃时待测液体的密度，$g \cdot cm^{-3}$；

$m_{样}$——20℃时待测液体的质量，g；

$m_{水}$——20℃时水的质量，g；

ρ^0——20℃时水的密度，$\rho^0 = 0.99823 g \cdot cm^{-3}$。

2. 密度瓶的结构

普通型密度瓶为球形［见图 4-3(a)］，标准型密度瓶为三角锥形［见图 4-3(b)］，附有特制温度计，带有磨口帽的小支管。上述两种密度瓶容积一般为 5mL、10mL、25mL、50mL 等。

 拓展知识

1. 韦氏天平法测定密度

(1) 韦氏天平的构造　韦氏天平主要由支架、横梁、玻璃浮锤及骑码等构成（见图 4-4）。

天平横梁的两臂形状不同，且不等长，通过可调节支柱架在玛瑙刀座上。长臂上刻有分度，末端悬有挂玻璃锤的钩环；短臂末端有指针和平衡调节器。当两端平衡时，活动指针应与固定指针对齐。平衡调节器可用于调节天平在空气中的平衡。旋转支柱固定螺丝，可调支柱上下移动。

天平附有两套骑码，最大骑码的质量等于玻璃浮锤在 20℃ 时所排开水的质量（约 5g），其他骑码分别为最大骑码的 1/10、1/100、1/1000。

（2）测定原理 韦氏天平法测定液体密度的基本依据同样是阿基米德定律，即当物体完全浸入液体时，它所受到的浮力或减轻的质量，等于其排开液体的质量。在 20℃ 时，测定同一玻璃浮锤在水及试样中的浮力，即可换算出样品的密度。同一玻璃浮锤，排开水和试样的体积相同。

在水中： $V_水 = \dfrac{m_水}{\rho^0}$

在试样中： $V_样 = \dfrac{m_样}{\rho_样}$

因为 $V_水 = V_样$，所以试样的密度为：

$$\rho_样 = \dfrac{\rho_样}{\rho_水}\rho^0 \qquad (4\text{-}3)$$

式中 ρ——试样在 20℃ 时的密度，g·cm^{-3}；

$\rho_样$——浮锤浸于试样中的浮力（骑码读数），g；

$\rho_水$——浮锤浸于水中的浮力（骑码读数），g；

ρ^0——20℃ 时水的密度，$\rho^0 = 0.99823$ g·cm^{-3}。

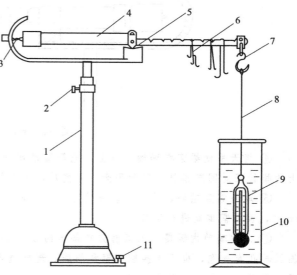

图 4-4   韦氏天平的构造

1—支架；2—调节器；3—指针；4—横梁；5—刀口；6—骑码；7—小钩；8—细铂丝；9—浮锤；10—玻璃筒；11—调整螺丝

（3）骑码在横梁上的读数 骑码架在横梁上不同分度位置时，其读数是不同的。骑码在各分度位置的读数见表 4-1。

表 4-1   骑码在各分度位置的读数

骑码在横梁上的位置	骑码			
	一号骑码	二号骑码	三号骑码	四号骑码
放在第 10 位时	1.0	0.10	0.010	0.0010
放在第 9 位时	0.9	0.09	0.009	0.0009
放在第 8 位时	0.8	0.08	0.008	0.0008
放在第 7 位时	0.7	0.07	0.007	0.0007
放在第 6 位时	0.6	0.06	0.006	0.0006
放在第 5 位时	0.5	0.05	0.005	0.0005
放在第 4 位时	0.4	0.04	0.004	0.0004
放在第 3 位时	0.3	0.03	0.003	0.0003
放在第 2 位时	0.2	0.02	0.002	0.0002
放在第 1 位时	0.1	0.01	0.001	0.0001

例如一号骑码在 8 分度上，二号骑码在 7 分度上，三号骑码在 6 分度上，四号骑码在 3 分度上（见图 4-5），则读数为 0.8763。

（4）仪器和试剂

液体密度天平（PZ-A-5 型）、超级恒温槽、电吹风

洗涤用乙醇、乙醇样品

（5）操作步骤

① 检查仪器部件是否完整，玛瑙刀口是否有损伤。

② 用清洁的绒布擦净金属部分，用乙醇清洗玻璃筒、温度计、玻璃浮锤，并用电吹风吹干。

③ 调整可移动支柱于适当高度，旋紧坚固螺丝。

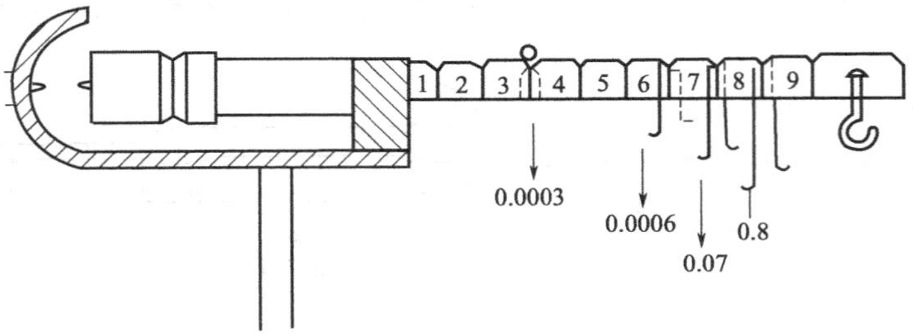

图 4-5　骑码读数法

④ 将天平横梁架在玛瑙刀口上，把等重砝码挂于钩环上，调整水平调节螺钉，使天平横梁上的指针正对固定指针，以示平衡（平衡后，不得再变动水平调节螺丝）。

⑤ 取下等重砝码，换上整套玻璃浮锤，此时天平应保持平衡。一般误差不超过 ± 0.0005 g·cm^{-3}，否则需重新进行调节。

⑥ 向玻璃筒内缓慢注入煮沸并冷却至约 20℃ 的蒸馏水，将玻璃浮锤浸没于水中（勿使其周围及耳孔有气泡，也不要接触筒壁和筒底，连接玻璃浮锤的金属丝应浸入水中 15mm）。玻璃筒置于恒温水浴中，恒温至（20.0±0.1）℃。

⑦ 加挂天平骑码使指针重新正对，记录读数 $\rho_{水}$。

⑧ 取下砝码，倾去蒸馏水，用乙醇洗涤玻璃浮锤、玻璃筒，用电吹风吹干。

⑨ 在相同的温度下，用样品代替水重复第⑥、⑦步操作，记录读数 $\rho_{样}$。

⑩ 实验结束后用镊子将砝码取下，放入砝码盒中。用右手持镊子将玻璃浮锤取出，左手用绒布或滤纸托住，以防损坏，取出洗净，擦干放入盒中。然后依次取下各部件擦干，收入盒内。

⑪ 按式（4-3）计算试样在 20.0℃ 时的密度。

⑫ 清洁整理。

2. 实验报告

实验报告是对实验过程及结果的归纳、整理。实验报告应包括：实验目的、实验原理、实验仪器（厂家、型号、精度）、试剂（纯度、等级）、原始数据记录表、实验现象与观测数据、实验结果（包括数据处理、与文献数据的比较）、讨论分析并解释观察到的现象、对实验的改进意见。不同类型的实验，可采用不同的格式。下面给出两种实验报告格式，供使用中参考。

（1）"测定实验"报告格式示例

实验名称_____

_____专业_____班级

学号_____姓名_____实验日期_____实验成绩_____

室温_____大气压力_____

（一）实验目的（略写）

（二）仪器与试剂

仪器（厂家、型号、精度），试剂（纯度、等级）。

（三）简明实验步骤

可用框图表示，每个框图表示一个操作步骤。

（四）数据记录与处理

数据用列表形式记录，用公式对数据进行计算，结果要进行误差分析。

（五）讨论

（2）"制备实验"报告格式示例

实验名称_____

_____专业_____班级

学号_____姓名_____实验日期_____实验成绩_____

室温_____大气压力_____

（一）实验目的（略写）

（二）仪器与试剂

仪器，试剂（纯度、等级）。

（三）制备反应式

（四）实验装置图

（五）简明实验步骤

可用方框图表示。

（六）实验结果

产品外观，包括聚集状态、颜色。

产量 = _____

产率（%）= $\dfrac{实际产量}{理论产量} \times 100\%$ = _____

（七）问题讨论

思 考 题

1. 密度计法是根据什么原理测定液体密度的？
2. 简述密度计法测定液体密度的步骤。
3. 密度瓶法是根据什么原理测定液体密度的？
4. 简述密度瓶法测定液体密度的步骤。

项目二　沸点及熔点的测定

　　沸点是指标准大气压力（101325Pa）下液体的沸腾温度。纯物质在一定的压力下有恒定的沸点。熔点是指在标准大气压力（101325Pa）下固态与液态处于平衡状态时的温度。纯物质从初熔至全熔，温度变化不超过 0.5～1.0℃。通过测定沸点或熔点，可初步判断该化合物的纯度。

训练 1　水的沸点测定

一、训练内容

学会正确组装和使用沸点测定装置，熟练掌握常量法测定沸点的方法。

　　想一想：

　　1. 把温度计直接插入到沸腾的水中，测得的温度是水的沸点吗？结果准确吗？

　　2. 如何测定沸点？

二、主要仪器

250mL 三口圆底烧瓶一个、长 100～110mm、直径 20mm 的试管一支、胶塞（外侧具有出气槽）、主温度计（内标式单球温度计，分度值 0.1℃）两支、辅助温度计（分度值 1℃）一支、电炉（500W，带有调压器）一个、气压计（公用）

三、操作步骤

☞ 你做好准备工作了吗？确认就开始！

1. 按图 4-6 所示安装沸点测定装置。

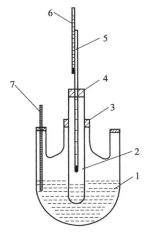

图 4-6　沸点测定装置

1—三口圆底烧瓶；2—试管；3，4—侧面开口胶塞；

5—测量温度计；6—辅助温度计；7—温度计

2. 向三口烧瓶中注入约为其体积 1/2 的自来水。

3. 在试管中加入适量蒸馏水，其液面略低于三口烧瓶中自来水的液面。

4. 调节温度计高度。三口烧瓶中的温度计水银球应浸没在液体中，试管中的温度计距液面 20mm，辅助温度计附在测量温度计露出胶塞上的水银柱中部。

5. 缓慢加热。

6. 记录。当温度上升到某一定数值并在相当时间内保持不变时，记录各温度计读数。同时记录室温和大气压。

7. 对测定结果进行压力、温度校正。

四、训练评价

评价项目	评价标准		得分
	内容	总扣分值	
洗 涤	试管、烧瓶是否洗涤干净（不挂水珠）	5	
	是否用蒸馏水荡洗试管	5	
液 面	试管中待测试样的液面是否低于加热载体	10	
温度计的使用	插入载热体中的温度计水银是否完全浸没	10	
	测量温度计下端与试管中液面距离是否合适	10	
	辅助温度计水银球是否在测量温度计露出胶塞部分的水银柱中部	5	
加 热	加热速度是否适当	10	
记录	各温度计读数是否正确	10	
	气压计读数是否正确	5	
校 正	温度计是否校正	5	
	大气压力是否校正	5	
计 算	结果是否正确	10	
清洁整理	台面是否整洁	5	
	仪器有无损坏	5	
合 计			

五、相关知识

1. 基本原理

根据分子运动理论，液体分子由于热运动有从液体表面逸出的倾向，逸出的气态分子对液面产生一定压力，称为蒸气压。当给液体加热时，液体分子运动加剧，蒸气压增加。开始时汽化仅限于在液体表面进行。当加热达到某一温度时，液体的蒸气压与大气压相等，汽化不仅在液体表面进行，液体内部也开始汽化，这一现象称为沸腾。液体在标准大气压力（101325Pa）下沸腾的温度称为沸点。

纯物质在一定压力下有恒定的沸点，因此沸点是检验有机物质纯度的一项重要指标。但应注意，有时几种化合物由于形成恒沸物，也会有固定的沸点。例如，95.6%的乙醇与4.4%的水混合形成沸点为78.2℃的恒沸混合物，但不是纯物质。

2. 影响沸点的因素

（1）物质的纯度　物质的纯度越低，所含杂质越高，对沸点的影响越大。

（2）环境温度　环境温度影响温度计水银柱读数，所以必须对温度计水银柱外露段进行校正。

（3）大气压力　根据物理知识，压力越大，沸点越高。因此在实验条件下测得的沸点值必须统一校正到标准实验条件下测得的沸点，才具有可比性。

3. 沸点的校正

（1）气压计读数的校正　气压计读数应进行温度和纬度（重力）两方面的校正，校正公式如下：

$$p = p_t - \Delta p_1 + \Delta p_2 \tag{4-4}$$

式中　p——经校正后的大气压 hPa，1hPa=100Pa；

p_t——室温时的气压计读数，hPa；

Δp_1——气压计读数温度校正值（可由表查得），hPa；

Δp_2——气压计读数纬度校正值（可由表查得），hPa。

（2）气压对沸点的校正　沸点随气压的变化值按下式计算：

$$\Delta T_p = C_v(1013.25 - p) \tag{4-5}$$

式中　ΔT_p——沸点随气压的变化值，℃；

C_v——沸点随气压变化的校正值（可由表查得），℃/hPa；

p——经校正后的大气压，hPa。

（3）温度计外露段的校正值　可按下式进行计算：

$$\Delta T_2 = 0.00016h(T_1 - T_2) \tag{4-6}$$

式中　ΔT_2——主温度计水银柱外露段校正值，℃；

0.00016——玻璃与水银膨胀系数的差值；

T_1——试样沸点的测定值（主温度计读数），℃；

T_2——辅助温度计读数，℃；

h——主温度计水银柱外露段的高度，（以温度计的刻度数值表示）。

（4）沸点的计算　校正后的沸点 T 按下式计算：

$$T = T_1 + \Delta T_1 + \Delta T_2 + \Delta T_p \tag{4-7}$$

式中　T_1——试样沸点的测定值（主温度计读数），℃；

ΔT_1——主温度计校正值，℃；

ΔT_2——主温度计水银柱外露段校正值，℃；

ΔT_p——沸点随气压的变化值，℃。

训练 2　苯甲酸的熔点测定

一、训练内容

学会组装毛细管法测定熔点的装置，掌握毛细管法测定熔点的操作方法。

想一想：

　1. 你见过固态物质熔化为液态吗？

　2. 如何测定固态物质转化为液态的温度？

　3. 认识图 4-7(a) 和（b）所示的这两种测定熔点的装置吗？

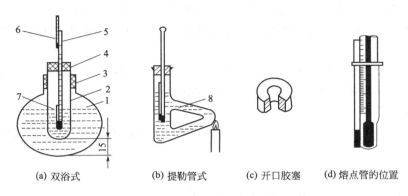

(a) 双浴式　　　　(b) 提勒管式　　(c) 开口胶塞　(d) 熔点管的位置

图 4-7　熔点测定装置

1—圆底烧瓶；2—试管；3，4—胶塞；5—温度计；6—辅助温度计；7—熔点管；8—提勒管

二、主要仪器和试剂

250mL 圆底烧瓶一个或提勒管一支、内标式单球温度计一支（分度值为 0.1℃）、辅助温度计一支（分度值为 1℃）、试管一支（长 100～110mm，直径 20mm）、熔点管（毛细管）数支（内径 1mm，壁厚 0.15mm，长 100mm）、玻璃管一支（长 400mm，直径 8～10mm）、酒精灯或可调式电炉一个、表面皿一个、玻璃钉一个

甘油（热载体）、苯甲酸

三、操作步骤

☞ 你做好准备工作了吗？确认就开始！

　1. 按图 4-7(a) 安装装置，将烧瓶固定于铁架台上，加入略少于 3/4 容积的甘油，并在试管中注入甘油，其液面略低于烧瓶中的液面。

　2. 将苯甲酸用玻璃钉研成尽可能细的粉末，置于清洁、干燥的表面皿上。

　3. 取样：用毛细管开口端插入粉末中，使样品进入毛细管。

　4. 取一支 400mm 长的玻璃管，立于玻璃表面上，将装有苯甲酸的毛细管在其中投入数次，样品会逐渐压缩，直至压缩成 2～3mm 高的均匀、结实的小柱。

　5. 将熔点管按图 4-7(d) 用橡皮圈固定在温度计上，橡皮圈高度应在液面上，样品顶部与内标式温度计水银柱的中部在同一高度。

　6. 用开口塞将温度计固定在试管中，温度计距试管底部约 15mm 处，不可接触试管底部和管壁。开口塞开口应向操作者，熔点管应在温度计侧面，以便于观察。

7. 用酒精灯或电炉加热，控制升温速度不超过 5℃·min^{-1}，观察毛细管中试样的熔化情况，直至样品完全熔化，呈现透明状时，记录全熔温度，作为试样的粗熔点。

8. 取另一支毛细管，按步骤 3、4 装样，待热浴温度低于粗熔点 20℃ 时，置于测定装置中。同时将辅助温度计用橡皮圈附在内标式温度计上，水银球在位于内标式温度计露茎部分的中部。

9. 加热升温，使温度缓慢上升至低于粗熔点 10℃ 时，控制升温速度为 1～2℃·min^{-1}，当样品出现湿润现象时的温度为初熔温度，当样品完全熔化、呈透明状态时的温度即为终熔温度。记录初熔和终熔温度。

10. 再取一支熔点管，按步骤 3、4、8、9 重复操作。

四、训练评价

评价项目	评 价 标 准		得分
	内　　　容	总扣分值	
装　置	开口塞的位置是否合适	10	
	温度计的位置是否合适	10	
	熔点管的位置是否合适	10	
加　热	液面是否合适	10	
	加热速度控制是否合适	10	
装　样	熔点管中样品是否装填结实	10	
记　录	记录是否规范	10	
	数据误差是否超标	10	
清洁台面	废弃的熔点管是否放入指定容器	10	
	台面是否整洁	5	
	仪器有无损坏	5	
合　计			

五、相关知识

1. 基本概念

固态物质受热转化为液态物质的过程，称为熔化。熔点是指在标准大气压力（101325Pa）下，固态物质与液态物质处于平衡状态时的温度。

从初熔点（固态物质刚开始熔化温度值）到终熔点（固态物质完全熔化的温度值）的温度范围称为熔程或熔点范围。纯物质一般都有固定的熔点，熔程很小，仅为 0.5～1℃。混有杂质时，熔点下降，并且熔程也显著加大，可以通过测定熔点，初步判断该化合物的纯度。

测定熔点的方法有毛细管法和显微镜法。毛细管法由于装置简单、操作方便等特点，是实验室常用的方法。

毛细管法的测定装置有双浴式和提勒管式两种。双浴式熔点测定装置是国家标准中规定的熔点测定装置。由于双载热体加热，具有加热均匀、加热速度易于控制、测量温度可进行露茎校正等特点，因而精确度高。提勒管式熔点测定装置浴液用量少，操作简便，节省测定时间，但管内温度不均匀，测得的熔点准确度不高。

2. 载热体的选择

在浴式熔点测定中，应选用沸点高于待测样品全熔温度，而且物理化学性能稳定、清澈透明、黏度小的液体作为载热体。常用的载热体见表 4-2。

表 4-2　常用的载热体

载热体	使用温度范围	载热体	使用温度范围
浓硫酸	220℃以下	液体石蜡	230℃以下
磷酸	300℃以下	固体石蜡	270～280℃以下
7 份浓硫酸、3 份硫酸钾混合	220～320℃	有机硅油	350℃以下
6 份浓硫酸、4 份硫酸钾混合	365℃以下	熔融氯化锌	360～600℃
甘油	230℃以下		

3.熔点的校正

在熔点测定中使用的是全浸式玻璃温度计，因此必须对温度计进行示值校正和水银柱外露段校正。

（1）温度计示值校正　由于温度计在制造时有可能孔径不均匀、刻度不准确或玻璃变形等原因，都会对温度计示值产生误差。因此在使用前，必须对温度计示值误差进行校正。

（2）温度计水银柱外露段校正　由于全浸式温度计的刻度是在汞线全部受热情况下刻出来的，而测量时露出的载热体表面上的水银柱则由于室温的影响，使测得的数值偏低。该数值可用下式计算：

$$\Delta t_2 = 0.00016(t_1 - t_2)h \qquad (4\text{-}8)$$

式中　Δt_2——测量温度计外露段校正值，℃；

0.00016——玻璃与水银膨胀系数的差值；

t_1——测量温度计读数，℃；

t_2——测量温度计露出液面与胶塞部分的水银柱的平均温度由辅助温度计测得，℃；

h——测量温度计水银柱外露段高度，以温度计的刻度数值表示。

经两次校正后，熔点值应为：

$$t = t_1 + \Delta t_1 + \Delta t_2 \qquad (4\text{-}9)$$

式中　t——校正后的熔点数值，℃；

t_1——熔点测定值，℃；

Δt_1——测量温度计的示值校正值，℃；

Δt_2——测量温度计外露段校正值，℃。

思　考　题

1.液态物质的沸点和固态物质的熔点是如何定义的？

2.影响沸点的因素有哪些？

3.如何进行沸点和熔点的校正？

4.用双浴式和提勒管式两种方法测定熔点，各有何优缺点？哪一种方法准确度更高？

项目三　折射率的测定

光线从一种透明物质进入另一种透明物质时，其传播速度和传播方向都发生改变，这种现象称为光的折射。折射能力的大小，用折射率表示。不同物质对光的折射能力不同，每种纯物质都有固定的折射率。通过折射率的测定，可以定性鉴定液体物质的纯度，也可定量测定溶液的组成。

训练 乙二醇折射率的测定

一、训练内容

测定乙二醇在 20℃时的折射率。

想一想：

1. 在日常生活中你见过光的折射现象吗？

2. 你见过折射率测定仪吗？你了解阿贝折射仪的结构（见图4-8）吗？

二、主要仪器和试剂

阿贝折射仪一台、超级恒温槽一台、洗瓶一个

丙酮（A. R.）、乙二醇（A. R.）

三、操作步骤

☞ 你做好准备工作了吗？确认就开始！

1. 安装仪器。将阿贝折射仪置于光线充足的地方，同时要避开阳光直射；用橡胶管把仪器循环恒温水接头与超级恒温槽连接，使折射仪棱镜温度为 20℃。

2. 清洗棱镜。开启辅助棱镜6，向后旋转 180°左右，用滴管向测量棱镜 5 镜面滴加丙酮少许，清洗镜面。可用擦镜纸吸干镜面上液体，或用洗耳球吹干。

3. 校正。滴加 2～3 滴蒸馏水

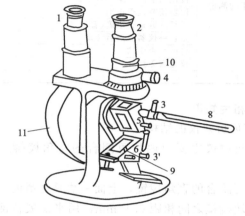

图 4-8 阿贝折射仪的结构

1—读数目镜；2—测量目镜；3，3′—循环恒温水接头；
4—消色散手柄；5—测量棱镜；6—辅助棱镜；7—平面反射镜；
8—温度计；9—加液槽；10—校正螺丝；11—刻度盘

于镜面上，清洗两镜面两次。然后滴加 1～2 滴蒸馏水于镜面上，合上棱镜，应使样品均匀、无气泡且充满视场。转动刻度光盘，使读数镜内标尺置于 1.3330 处。调节反射镜，使测量目镜中的视场最亮。调节棱镜，使测量目镜中视野分为明暗两部分。旋转消色散手柄，使明暗部分界面清晰。再调节棱镜，使明暗分界线恰恰移至十字交叉线的交叉点上（见图4-9）。如未能对准十字交叉线交点，可用仪器自带的钥匙小心调节目镜下方调节示值调节螺钉，将分界线移至交叉点上。

4. 样品测量。按步骤 2 清洗棱镜，再用试样清洗两次。用擦镜纸吸干后，加入试样

图 4-9 阿贝折射仪在临界角时目镜视野图

（乙二醇），合上棱镜，使试样均匀，充满视场。调节反射镜，使测量目镜中的视场最亮。调节棱镜，使测量目镜中视野分为明暗两部分，旋动消色散手柄，使明暗部分界面清晰，再调节棱镜，使黑白分界处在十字线的交叉点上。这时读数目镜中的读数，就是乙二醇的折射率。记录温度和读数，读数应准确到小数点后第四位。分别从两个方向旋转，将分界线对准在十字线的交叉点上，重复读数三次，读数之差不大于±0.0003 时，

取其平均值作为测定结果。

5. 结束工作。测定结束后，拆开与恒温槽的连接橡胶管，排尽夹套中的水。打开棱镜，用擦镜纸将试样擦干，然后用丙酮清洗，干燥后，放入仪器盒中。

四、训练评价

评价项目	评价标准		得分
	内　容	总扣分值	
恒温操作	水温调节是否合适	5	
	阿贝折射仪与恒温槽连接是否正确	5	
棱镜清洗	滴定管是否接触到镜面	10	
	是否有除擦镜纸以外的物体与镜面接触	10	
仪器校正	棱镜调节是否正确	5	
	色散镜调节是否正确	5	
	读数是否正确	10	
试样折射率的测定	试样加入是否合适	5	
	棱镜的清洁干燥是否正确	5	
	仪器调节是否正确	10	
	平行读数是否正确（看记录）	15	
清洁整理	是否将仪器清洁后装盒	5	
	台面是否整洁	5	
	仪器有无损坏	5	
合　计			

五、相关知识

1. 阿贝折射仪的结构

阿贝折射仪主要由两块可闭合的直角棱镜、一块色散棱镜、两个目镜和一个反光镜组成。

两块可闭合的直角棱镜，上面一块是光滑的，为测量棱镜；下面一块是磨砂的，为辅助棱镜。两块棱镜之间相距 0.15mm，用来铺展待测液体。由于温度对光的折射率影响较大，因此棱镜应嵌在保温套中，并附有温度计，测量时必须使用超级恒温槽通入恒温水，使温度变化控制在 ±0.1℃ 以内。

色散棱镜可使复色光变成单色光，以消除色散，使目镜中见到的明暗分界线清晰。

两个目镜中，一个是测量目镜，另一个是读数目镜。测量目镜用来观察折射情况，读数目镜用来直接读取折射率。在测量目镜的金属筒上，有一个供校准仪器用的示值调节螺钉。

反射镜位于棱镜下方，可调节。光线经反射镜进入辅助棱镜，在辅助棱镜的磨砂面发生漫射，以不同入射角进入液层，然后再进入到测量棱镜。

由于一部分光线可以再经折射进入测量目镜，另一部分光线则发生全反射，因此在测量目镜中，出现明暗两个区域（见图 4-9）。

2. 阿贝折射仪的校正

阿贝折射仪需经校正后才能使用。可用仪器自带的标准玻璃片或实验室用二级水替代玻璃片校正。

（1）用标准玻璃片校正　将一滴溴代苯滴在标准玻璃的光滑面上，然后将玻璃片贴在上棱镜面上，轻压玻璃四角，使溴代苯均匀分布在棱镜与玻璃之间。调节反光镜，使光射在标准玻璃片上，分别调节棱镜与色散棱镜，使测量目镜观测到明暗分界清晰。调节读数目镜，至读数为 1.4628，若明暗分界线在十字线交叉处，校正结束。如不在十字交叉处，用仪器自带的钥匙调节示值调节螺钉，使分界线移至十字交叉处。

（2）用纯水校正　校正方法见操作步骤 3。

3. 测量时的注意事项

① 折光镜绝对禁止与滴管尖或其他硬物接触。

② 严禁油或汗手接触光学部件。光学部件如有油污，可用脱脂药棉蘸汽油轻擦，然后用乙醚洗净，再用擦镜纸擦拭。

③ 阿贝折射仪不能用来测定酸性、碱性和具有腐蚀性的液体。

 拓展知识

有效数字的运算规则

有效数字的运算，可以直接用计算器计算，然后修约到应保留的位数。

（1）加减法　几个数字相加减，以小数点后位数最少的数字的有效位数作为计算结果的小数点后数字的有效位数。例如：

$$0.0121+25.64+1.05782=26.70992（计算器计算结果）\xrightarrow{修约}26.71$$

计算结果表示方法为：

$$0.0121+25.64+1.05782=26.71$$

上式相加的三个数字中，25.64 中的"4"已是可疑数字，因此最后保留的有效数字的位数只能是小数点后的第二位。而不能记为：

$$0.0121+25.64+1.05782=26.70992（错误）$$

（2）乘除法　几个数字相乘除时，以有效数字位数最少的数字的有效位数作为计算结果的有效数字位数。例如：

$$0.0121×25.64×1.05782=0.328182308（计算器计算结果）\xrightarrow{修约}0.328$$

计算结果表示方法为：

$$0.0121×25.64×1.05782=0.328$$

在上述三个数字中，有效数字位数最少的 0.0121，只有三位有效数字，因此计算结果只能有三位有效数字。而不能记为：

$$0.0121×25.64×1.05782=0.328182308（错误）$$

在乘除运算中，当第一位有效数字≥8 时，有效数字位数可多计一位。如 8.34 是 3 位有效数字，在运算中可以作为 4 位有效数字看待。

思　考　题

1. 阿贝折射仪读数后应保留至小数点后第几位？是几位有效数字？

2. 阿贝折射仪的折光镜能否与硬物接触？

3. 哪些液体不可用阿贝折射仪测定折射率？

项目四　旋光度的测定

人们日常所见到的光，如日光、灯光、火光等都是自然光。自然光沿各个方向振动，使自然光通过一种特别的玻璃片（如尼科尔棱镜）时，光波就改变为只沿一个方向振动。这种只在一个平面上振动的光叫做偏振光（见图 4-10）。

有些物质可使偏振光的振动方向发生旋转，产生旋光现象，这些物质称为旋光性物质。

(a) 自然光　　　　　　(b) 偏振光

图 4-10　自然光、偏振光示意图

有些物质能使偏振光顺时针旋转，称为右旋体；有些物质能使偏振光逆时针旋转，称为左旋体。

旋光性物质使偏振光振动平面旋转的角度称为旋光度，用 α 表示。通过测定物质的旋光度，可以定性地鉴定化合物，也可以鉴别其纯度和浓度。

训练　测定葡萄糖的旋光度

一、训练内容

用旋光仪测定葡萄糖的旋光度。

想一想：
在眼镜店试戴过偏振光眼镜吗？与一般眼镜有什么不同？

二、主要仪器和试剂

WXG-4 型旋光仪（见图 4-11）一台、分析天平一台、超级恒温槽一台、50mL 量筒一个、100mL 容量瓶一个、玻璃棒一支、150mL 烧杯一个、滴管一支、洗瓶一个

浓氨水、葡萄糖

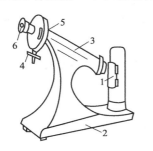

图 4-11　　WXG-4 型旋光仪
1—钠光灯；2—仪器底座；3—旋光管槽；
4—手轮；5—盖子；6—目镜

三、操作步骤

☞ 你做好准备工作了吗？确认就开始！

1. 配制试样溶液。准确称量 10g（精确到小数点后面 4 位）葡萄糖于 150mL 烧杯中，加入 50mL 蒸馏水溶解、0.2mL 浓氨水，放置 30min 后，将溶液转移至 100mL 容量瓶中，烧杯用少量蒸馏水洗两次，洗涤液转移至容量瓶，用蒸馏水稀释至刻度，置于 20℃ 恒温水浴中恒温 20min。

2. 旋光仪零点的校正

（1）接通旋光仪电源，开启仪器电源开关，约 10min 钠光灯发光正常后，进行零点校正。

（2）取一支长度为 20cm 的旋光管，洗净后注满 20℃ 的蒸馏水，手持玻璃盖边缘（禁止用手接触玻璃盖），将玻璃盖沿管边缘轻轻平推盖好，不能带入气泡，然后旋紧两端螺丝帽，以不漏水为准。如有小气泡，把小气泡排至旋光管突出部。用滤纸把旋光管擦干。

（3）将旋光管放入旋光仪内，罩上盖子。调节目镜使视场明亮清晰，极其缓慢地转动

(a)　　　　　　(b)　　　　　　(c)

图 4-12　三分视场

手轮使三分视场消失［见图 4-12(c)］。记下此时刻度盘读数，准确至 0.05。再旋转刻度盘转动手轮，使视场明暗分界后，再缓慢旋转至三分视场消失。重复测定记录三次，取平均值作为零点。通常零点校正的绝对值在 1°以内。

3. 试样测定。将旋光管中的水倾出，用少量葡萄糖溶液润洗旋光管两次后，注满葡萄糖溶液。重复步骤 2 中（2）、（3）操作。

4. 清洁整理。将旋光管中溶液及时倒出，用蒸馏水洗净。将所有镜片用柔软绒布揩拭，装盒。旋光仪套上仪器罩。

四、训练评价

评价项目	评价标准		得分
	内 容	总扣分值	
葡萄糖溶液的配制	称量是否准确	10	
	溶解是否完全	5	
	定容是否准确	10	
零点的校正	蒸馏水装入过程中是否接触玻片检测面,有无气泡	10	
	钠光灯是否正常工作	5	
	检偏手轮的调节是否轻缓	5	
	读数是否准确	10	
	数据是否在误差范围内	5	
旋光度的测定	旋光管是否润洗	10	
	数据误差是否在范围内	15	
清洁整理	仪器各部件是否按要求装盒	5	
	台面是否清洁	5	
	仪器有无损坏	5	
合 计			

五、相关知识

1. **旋光仪的构造**

旋光仪的型号很多，常用的是 WXG-4 型旋光仪，其外形结构见图 4-11，其光学系统见图 4-13。

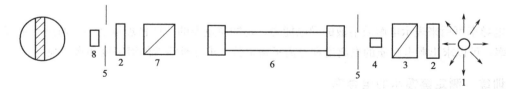

图 4-13 旋光仪光学系统

1—光源；2—透镜；3—起偏镜；4—石英片；5—光栅；6—旋光管；7—检偏镜；8—目镜

旋光仪主要由三个系统组成。

（1）**起偏与检偏系统** 起偏与检偏系统包括光源、聚光镜、滤色镜、起偏镜、旋光管及检偏镜等。光源一般为钠光灯，产生波长为 589.0～589.6nm 的黄色光线，用滤色镜滤去可能同时产生的一些其他波长的光线，经起偏镜后，变成偏振光。当此偏振光通过盛有旋光性物质的旋光管时，光线的振动方向旋转了一定角度，偏振光不能全部通过检偏镜。

（2）**观测系统** 观测系统主要是目镜，经起偏与检偏系统透射出来的光，从目镜中观察，就能看到中间亮（或暗）、两边暗（或亮）的三分视场［见图 4-12(a) 和 (b)］。

（3）**读数系统** 读数系统包括刻度盘和放大镜。刻度盘与检偏镜连在一起，由调节手轮控制。调节刻度盘手轮，检偏镜所旋转的度数和方向显示在刻度盘上，即为该物质的旋光度。

2. 读数方法

旋光仪采用双游标读数，以消除刻度盘偏心差。刻度盘分为 360 格，每格 1°。游标分为 20 格，每格 0.05°。旋光度的整数读数从刻度盘上直接读出，小数点后的读数从游标读数盘读出。游标上面所指的刻度盘位置是整数读数，游标与刻度盘对齐的位置是小数读数。

3. 旋光管

旋光管是旋光仪的重要附件之一。管身由玻璃制成，长度规格有 10cm、20cm，还有数种专用旋光管。

旋光管的两端有中央开孔的螺旋盖，使用时先将盖玻片盖在一端管口，垫橡皮垫，再旋上螺旋盖。另一端装入试样后，按上述方法盖上。盖玻片是光学玻璃，只可持其圆周部分，不可用手持其两个观测面，在旋螺旋盖时，不可拧得太紧，以防盖玻片变形，以不漏水为准。在旋光管的一端附近有一鼓包，若装溶液后顶端有小气泡，则应轻轻敲击，将气泡赶入鼓包内，否则光线通过将影响测定结果。

4. 对试样的要求

用旋光仪测定物质的旋光度时，溶液必须清晰透明，如出现浑浊或悬浮物，则必须处理成清液后测定，否则影响测定效果。

思　考　题

1. 旋光管管身能否用滤纸擦拭？盖玻片能否用滤纸擦拭？为什么？
2. 什么是偏振光？
3. 旋光管中装的液体能否有气泡？如有气泡如何处理？
4. 旋光仪通电后，能否立即工作？为什么？
5. 旋光仪测定溶液的旋光度时，对溶液有哪些要求？

*项目五　溶液电导率的测定

电导率可用来表示电解质溶液的导电能力，是物质重要的特征物理量之一。通过测定溶液的电导率，可以求出弱电解质的电离度和电离平衡常数，求算难溶盐的溶解度和水的纯度。

训练　测定蒸馏水的电导率

一、训练内容

用 DDS-11A 型电导率仪测定水的电导率。

想一想：

纯水能导电吗？怎样表示其导电能力？

二、主要仪器和试剂

DDS-11A 型电导率仪（见图 4-14）、DJS-0.1 型电导电极、50mL 小烧杯一个、新制备的蒸馏水

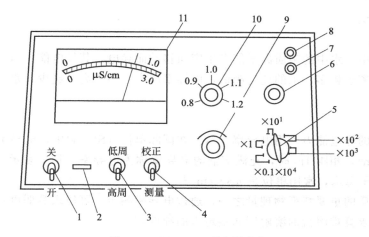

图 4-14　DDS-11A 型电导率仪

1—电源开关；2—指示灯；3—高周/低周开关；4—校正/测量开关；

5—量程选择开关；6—电容补偿调节器；7—电极插口；8—10mV 输出插口；

9—校正调节器；10—电极常数调节器；11—显示仪表

三、操作步骤

☞ 你做好准备工作了吗？确认就开始！

1. 校正零点。电源开关开启前，先检查显示仪表指针是否为零。如不为零，调节表头上的螺丝，使其指向零。

2. 将电导电极插入电极插口，旋紧插口上的紧固螺丝，再将电极浸入待测溶液中。

3. 将校正/测量开关拨到"校正"位置。

4. 将高周/低周开关拨到所需频率位置。当被测液体的电导率低于 $300\mu S \cdot cm^{-1}$ 时，选择"低周"；高于此值时，选择"高周"。

5. 将量程开关选择最大。

6. 把电极常数调节器调节到所用电极常数相对应位置。

7. 接通电源，打开电源开关，预热 3min。

8. 调节校正调节器，使指针指向满刻度。

9. 将校正/测量开关拨向"测量"位置。若此时表头指针不在刻度内，应逐挡调节量程选择开关，直至指针在刻度范围内。

10. 显示仪表读数乘以量程选择开关的倍率即为被测溶液的电导率。

四、训练评价

评价项目	评 价 标 准		得分
	内　容	总扣分值	
仪表安装调试	仪表是否调零	10	
	量程开关是否选择最大	10	
	仪表是否校正	10	
	其他步骤每错一步扣 5 分	30	
测　量	测量是否迅速	10	
	是否逐级调节量程开关	10	
读　数	指针读数是否乘以量程选择开关倍率	10	
清洁整理	台面是否整洁	5	
	仪器有无损坏	5	
合　计			

五、相关知识

1. 测量原理

在外加电场中，水中的杂质离子能发生定向移动而导电，其导电能力与水中杂质离子的数量有关。杂质离子越多，水的纯度越低，电导率越高；杂质离子越少，水的纯度越高，电导率越低。

2. 电导率

电解质溶液的导电能力可用电导率表示。在国际单位（SI）制中，电导率的定义是：两电极面积各为 $1m^2$，相距 $1m$ 时，充满溶液的电导就称为电导率，用 κ 表示，其单位是 $S \cdot m^{-1}$，读作西门子每米，常用单位是 $\mu S \cdot cm^{-1}$。

电导率是物质的重要特征物理量之一，通过电导率测定，可以求算弱电解质的电离度和电离平衡常数，求算难溶盐的溶解度和鉴定水的纯度等。

思 考 题

1. 为什么可以用电导率表示水的纯度？
2. 简述测量电导率的操作步骤。

课题五　混合物的分离及物质的制备技术

物质的制备就是用化学的方法将单质、简单的无机物或有机物制成生产、生活中所需要的各类物质。无论用何种方法制得的物质，大多数都是混合物，因此需要加以分离和纯化。实验室常用的混合物分离技术有重结晶、蒸馏、分馏、萃取、升华等。

项目一　重结晶

重结晶是利用被提纯物质与杂质在某种溶剂中的溶解度不同，而将被提纯物质与杂质分离开来，以达到纯化的目的。

训练　乙酰苯胺的重结晶

一、训练内容

用重结晶法提纯乙酰苯胺。

想一想：

1. 将工业用盐溶解在水中，沉淀出杂质，滤去沉淀后放在锅里蒸发去水分，会得到什么？

2. 用此法得到的盐与原来的盐有什么不同？

二、主要仪器和试剂

250mL 锥形瓶一个、250mL 烧杯两个、玻璃棒一支、铁架台一个、保温漏斗一个、布氏漏斗一个、真空泵一台、抽滤瓶一个、托盘天平一架、滤纸

蒸馏水、粗乙酰苯胺、沸石、活性炭、冰块

三、操作步骤

☞ 你做好准备工作了吗？确认就开始！

1. 固体的溶解。用托盘天平称取 2g 乙酰苯胺，置于 250mL 锥形瓶中，加入 50mL 蒸馏水和沸石，边搅拌边加热至溶液沸腾。若乙酰苯胺不能全溶，或出现油状物，则需再加 2～3mL 蒸馏水，直到完全溶解为止。

2. 脱色。将溶液移离热源，置于石棉网上。加入 5mL 冷水使温度降低后，再加入 0.1g 左右的活性炭并搅拌，继续煮沸 5min。

3. 过滤

① 将保温漏斗固定在铁架台上，在漏斗的夹套中充注热水，同时在漏斗的侧管处用酒精灯加热，用烧杯作接收容器（见图 2-58）。

② 在保温漏斗中放入折叠好的滤纸（滤纸的折叠方法见图 2-59），用少量水润湿。

③ 把热溶液倒入保温漏斗中进行过滤。未滤液和保温漏斗在过滤过程中，始终保持小火保温，以防结晶析出。

④ 滤毕，用少量（1～2mL）热蒸馏水洗涤锥形瓶和滤渣。

4. 结晶。将烧杯中的滤液静置至室温，再于冰水浴中静置 15min，使结晶完全。

5. 抽滤。抽滤装置见图 2-60。

① 检查安全瓶的短管是否与抽滤瓶连接，长管是否与真空泵连接。布氏漏斗的斜口是否与抽滤瓶的支管相对，全部装置是否严密、不漏气。

② 将滤纸剪成比漏斗内径小一点的圆形，放入布氏漏斗内，以能覆盖漏斗滤孔为宜。用少量蒸馏水将滤纸润湿，打开真空泵，使滤纸紧贴在漏斗的瓷板上。

③ 先将上层清液沿玻璃棒倒入漏斗中，漏斗中的溶液量不得超过漏斗容量的 2/3，待溶液滤完后，再将沉淀移入滤纸的中间部分，用玻璃棒在漏斗中铺平。

④ 母液抽干后，先打开缓冲瓶上的二通塞，以防止水倒吸，再关闭真空泵，暂停抽气。用玻璃棒将沉淀搅动松散，不可接触滤纸。然后加入少量蒸馏水，使沉淀均匀浸透，再抽滤，同时可用干净的玻璃塞挤压。如此洗涤 3 次。

⑤ 过滤完毕后，先打开缓冲瓶上的二通塞，关闭真空泵后，再取下漏斗。将漏斗口朝上，轻轻敲打漏斗边缘，使沉淀脱离漏斗，倒入预先准备好的表面皿上。

6. 将表面皿上的乙酰苯胺晶体摊开，自然晾干后称量，计算产率。

7. 清洁器具，整理台面。

四、训练评价

评价项目	评 价 标 准		得分
	内　容	总扣分值	
称　量	加减砝码是否正确	3	
	转移样品有无撒落	3	
	记录数据是否正确	3	
溶　解	加入溶剂量是否合适	4	
	固体是否完全溶解	4	
热过滤	脱色时是否冷却后加活性炭	5	
	滤纸折叠是否正确	10	
	滤纸是否用蒸馏水润湿	5	
	能否形成水柱	8	
抽　滤	滤纸大小是否合适	5	
	是否用倾泻法	5	
	液位是否低于 2/3 容积	5	
	安装抽滤装置是否正确	10	
	停泵时是否先打开二通塞	10	
	沉淀是否清洗	5	
	转移沉淀是否有撒落	5	
清洁整理	台面是否清洁	5	
	仪器有无损坏	5	
合　计			

五、相关知识

1. 基本原理

晶体化合物在溶剂中的溶解度一般随着温度的升高而增大。将被提纯的物质溶解在溶剂中，加热使其全部溶解，达到饱和，再将溶液冷却，使其重新结晶出来。而杂质则由于在溶剂中的溶解度大（或杂质在溶剂中的溶解度小）而留在溶液中（或形成沉淀而滤去），从而达到提纯物质的目的。

2．溶剂对化合物的溶解性

根据"相似相溶"原理，溶剂对化合物的溶解有下列一般规律：

① 化合物与溶剂分子结构越相似，则该化合物在溶剂中的溶解度越大；

② 极性化合物易溶于极性溶剂，非极性化合物易溶于非极性溶剂；

③ 化合物分子与溶剂分子形成氢键，溶解度增大；

④ 有机弱酸可选用碱性溶剂溶解，有机弱碱可选用酸性溶剂溶解。

3．重结晶法提纯物质选择溶剂应具备的条件

① 溶剂与被提纯物质不发生化学反应。

② 被提纯物质在溶剂中溶解度大，杂质在溶剂中溶解度小，因而在溶解过程中，杂质成为沉淀物，可将其滤去；或杂质在溶剂中溶解度大，被提纯物质在溶液中结晶而出时，杂质留在母液中，随母液分离。

③ 溶剂对被提纯物质的溶解度随温度变化显著，在低温时溶解度很小，在高温时溶解度很大。

④ 溶剂的沸点较低，易挥发，易与被提纯物质分离。

⑤ 被提纯物质在溶剂中能生成较好的晶形。

⑥ 溶剂还应有价格便宜、毒性小、可回收和操作安全等优点。

4．选择溶剂的方法

（1）从实验资料中查找　利用前人的经验，直接加以引用。

（2）通过实验来确定　取 0.10g 待提纯的样品，分别加入 1mL 溶剂，小心加热至沸腾，加热后能完全溶解，冷却后有大量晶体析出，是最合适的溶剂。如待提纯样品在 3mL 热溶剂中不能全溶，或加入不到 1mL 冷溶剂就全溶了，则可认为是不合适的溶剂。

5．重结晶操作中的注意事项

① 常用的溶剂有水、乙醇、甲醇、丙醇、乙酸乙酯、乙醚、石油醚等。这些物质中有的是低沸点易燃物质，应当选用适当的加热方法，同时配以全回流装置，严禁使用明火加热，若溶剂有毒，则应在通风橱中进行。

② 在得到溶液后，应置于室温下自然冷却结晶。如果将溶液迅速冷却并剧烈搅拌，可得到颗粒很小的晶体。由于颗粒很小，虽然晶体内包含的杂质较少，但其表面积很大，易吸附较多杂质；结晶时间太长，易形成较大晶体，颗粒内包含着较多的母液和杂质，对产品的纯度有影响。当滤液冷却至室温时，若仍无晶体出现，可用玻璃棒摩擦瓶壁，或投入少量晶体，使晶体迅速生成。

 拓展知识

1．物质的干燥

干燥的方法大致可分为两类：一类是物理方法，通常用吸附、分馏、恒沸蒸馏、冷冻、加热等方法脱水，达到干燥的目的；另一类是化学方法，选用能与水可逆地结合成水合物的干燥剂，或是与水起化学反应生成新的化合物的干燥剂。

（1）干燥剂　能吸收水分脱除气体或液体中游离水分的物质称为干燥剂。化学实验中常用

的干燥剂列于表 5-1 中。

表 5-1　常用干燥剂

干 燥 剂	酸碱性	适 用 范 围	干 燥 性 能
浓 H_2SO_4	强酸性	饱和烃、卤代烃	吸湿性强
P_2O_5	酸性	烃、醚、卤代烃	吸湿性强,吸收后需蒸馏分离
金属 Na	强碱性	卤代烃、醇、酯、胺	干燥效果好,但速度慢
Na_2O、CaO	碱性	醇、醚、胺	效率高,作用慢,干燥后需蒸馏分离
KOH、NaOH	强碱性	醇、醚、胺、杂环	吸湿性强,快速有效
K_2CO_3	碱性	醇、酮、胺、酯、杂环	吸湿性一般,速度较慢
$CaCl_2$	中性	烃、卤代烃、酮、醚、硝基化合物	吸水量大,作用快,效率不高
$CaSO_4$	中性	烷、醇、醚、醛、芳烃	吸水量小、作用快,效率高
Na_2SO_4	中性	同 $CaCl_2$；$CaCl_2$ 不适用的也适用	吸水量大,作用慢,效率低,但价格便宜
$MgSO_4$	中性	同 Na_2SO_4	较 Na_2SO_4 作用快,效率高
3A 分子筛、4A 分子筛		各类有机物	快速有效地吸附水分,可再生使用
硅胶		吸潮保干	不适用于 HF,可再生使用

（2）气体的干燥　实验室制备的气体通常带有酸雾和水汽,一般用洗气瓶、干燥塔、干燥管、U 形管等仪器进行净化和干燥,如图 5-1 所示。在实际操作中要根据被干燥气体的具体条件,来选择适当的干燥剂和干燥流程。

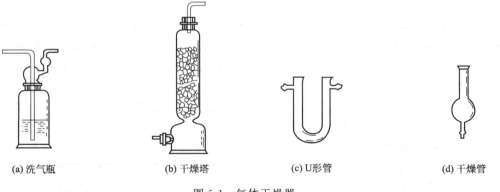

(a) 洗气瓶　　　　(b) 干燥塔　　　　(c) U形管　　　　(d) 干燥管

图 5-1　气体干燥器

（3）有机液体的干燥　有机液体中的水分可用合适的干燥剂干燥,可选择的干燥剂种类很多,见表 5-1。选择时应考虑如下因素:

① 不与被干燥的物质发生化学反应;

② 不能溶解于被干燥的物质中;

③ 吸水量大,干燥效率高;

④ 干燥速度快,节省时间;

⑤ 价格低廉,用量少、利于节约。

干燥剂的用量可根据被干燥物质的性质、含水量及干燥剂自身的吸水量来决定。一般情况下,根据经验,1g 干燥剂约可干燥 25mL 液体。当出现浑浊液体变清、干燥剂不再黏附在容器壁、摇动容器时液体可自由漂移等现象时,可判断干燥基本完成,然后过滤分离。

液体有机物的干燥通常在锥形瓶中进行。将已初步分离水分的液体倒入锥形瓶中，加入适量干燥剂，塞紧瓶口，不时地振摇，振摇后长时间放置直至最后分离。若干燥剂与水发生反应生成气体，还应配装出口干燥管，如图5-2所示。

（4）固体的干燥　固体物质的干燥是指去除残留在固体中的微量水分或有机溶剂，可根据实验需要和物质的性质不同，选择适当的干燥方法。

① 自然晾干。遇热易分解或含有易燃易挥发溶剂，在空气中稳定、不吸潮的固体物质，可置于空气中自然晾干。

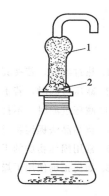

图 5-2　气体干燥
1—无水氯化钙；2—脱脂棉

② 用烘箱烘干。对于熔点较高且遇热不分解的固体，可放在表面皿或蒸发皿中，放入烘箱中干燥。固体有机物烘干时应注意加热温度必须低于其熔点。

③ 用干燥器干燥。含水量极少的固体可置于培养皿或表面皿中，放在干燥器的上室中进行干燥。这种方法对痕量水或干燥保存化学品很有效。

④ 红外线干燥。红外灯用于低沸点易燃液体的加热，也用于固体的干燥。红外线穿透能力强，能使溶剂从固体内部各部位都蒸发出来。具有加热和干燥速度快、安全等优点。

2. 干燥器的使用

对于易吸潮、易分解或易升华的固体物质，可放在干燥器内，靠干燥剂吸收湿气进行干燥。在烘箱或高温炉等中干燥好的基准物质，使用前也必须放在干燥器中保存，以防止暴露在潮湿的空气中再次受潮。

干燥器是磨口的厚壁玻璃器皿，磨口处涂有凡士林，使其更好地密合。内有一带孔的瓷板，用以盛放被干燥的物品，瓷板下面装有干燥剂。常用的干燥剂有硅胶、氯化钙和石蜡片（可吸收微量的有机溶剂）等。干燥剂吸水较多后应及时更换。

真空干燥器与普通干燥器基本相同，仅在盖上有一玻璃活塞，可与真空泵连接抽真空，从而使干燥速度加快、效果更好。

开启干燥器时，一只手扶住底部，一只手向相反方向拉（或推）动盖子（不能向上用力掀起）。取放物品后，应按同样方式及时盖好，以免空气中的水分侵入。

移动干燥器时，应以双手托住，将两个拇指按住盖沿，防止盖子滑落打碎。

干燥器及其使用方法如图5-3所示。

(a) 普通干燥器　　(b) 真空干燥器　　　(c) 干燥器的开启　　　(d) 干燥器的移动

图 5-3　干燥器及其使用方法

思 考 题

1. 热过滤时,若夹套中的水温不够高,会出现什么问题?
2. 减压过滤时,若不停止抽气进行洗涤,可以吗?为什么?
3. 减压过滤时,不打开缓冲瓶上的二通塞,可能出现什么问题?
4. 重结晶法提纯物质,溶剂应具备哪些条件?
5. 常用固体物质的干燥有哪几种方法?如何选择?
6. 如何正确使用干燥器?

项目二 蒸馏与分馏

蒸馏与分馏是分离、提纯液态混合物最常用的方法,是根据液态混合物中各种物质沸点的不同而采用的分离提纯方法。最简单的蒸馏是在常压下进行的。常压蒸馏仅能分离沸点相差30℃以上的液态混合物;当液态混合物中各物质沸点相差较小,又要求分离效果较好时,就要采用分馏的方法。

训练1 常压蒸馏

一、训练内容

用常压蒸馏的方法提纯酒精。

想一想:
1. 用水壶烧开水时,壶盖里面有水珠,是如何形成的?
2. 在什么条件下水壶盖上才有水珠?

二、主要仪器和试剂

0~100℃温度计一支、蒸馏头一个、刺形分馏柱一支、250mL磨口烧瓶一个、接收器一个、铁架台两个、干燥锥形瓶三个、酒精灯一盏

75%乙醇

三、操作步骤

☞ 你做好准备工作了吗?确认就开始!

1. 常压蒸馏装置的安装

常压蒸馏装置见图5-4,安装仪器装置应遵循"自下而上,先左后右"的顺序。

① 固定热源(酒精灯或电炉)位置。

② 依次在铁架台上安装铁圈、石棉网、水浴。

③ 用铁夹把圆底烧瓶固定好,安装蒸馏头,插上温度计,温度计汞球应与侧管下沿平齐。

④ 在蒸馏头侧管连接上直形冷凝管,用铁夹固定好,直形冷凝管上端侧口为出水口,下端侧口为进水口,连接好橡胶管,出水口橡胶管去下水道,进水口橡胶管接自来水龙头。

⑤ 在直形冷凝管上安装接液管和馏出液接收器(锥形瓶)。整套装置应在一个平面内,

不可扭曲,以防损坏磨口仪器。铁架台、铁夹及胶管应在仪器背面,以便操作。夹持玻璃器皿的铁夹不可太紧,以仪器可转动为宜。

2. 常压蒸馏操作

(1) 加料 用长颈玻璃漏斗插到蒸馏头内侧管以下,倾入乙醇,加入量应为烧瓶容积的 1/2 左右,不得超过 2/3,加入几粒沸石(玻璃毛细管或无釉碎瓷片),再装好温度计。

(2) 检查装置、通入冷却水 再次检查装置是否稳妥正确,各连接处是否紧密不漏气,与大气相通处是否畅通。打开水龙头,通冷却水。

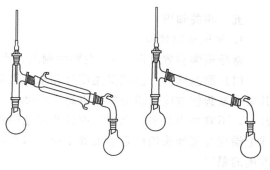

(a) 水冷凝蒸馏装置　　(b) 空气冷凝蒸馏装置

图 5-4　常压蒸馏装置

(3) 加热蒸馏 选择适当热源,先小火加热,以免蒸馏烧瓶因局部过热而破裂。然后逐渐增大火力使瓶内液体沸腾,再调节火力,保持液体沸腾。此时温度计汞球被气体围绕,并挂有液滴,这是气液平衡的特征,此时的温度就是液体的沸点。

(4) 观察沸点,收集馏出液 在需要的馏出组分馏出之前,有沸点较低的液体先蒸出,称为前馏分,前馏分蒸完,温度趋于稳定时,是所需要的馏出组分。此时应更换清洁干燥的接收器接收馏出液。记录这部分液体开始馏出时和收集到最后一滴时的温度,此即为该组分的沸程。馏出组分应保持在每秒钟 1～2 滴,不可太快,可通过调节火力来控制馏出速度。在所需组分馏出后,若维持原来的蒸馏温度,就不会再有馏出液蒸出,温度计读数会突然下降,此时应停止蒸馏。

(5) 停止加热,拆卸仪器 蒸馏完毕,先停止加热,待温度下降至 40℃ 左右,关闭冷却水。然后按照与安装时相反的顺序,拆卸装置。将残液和馏出液分别倒入指定回收瓶内。将卸下的仪器洗净,放回原来位置备用。

四、训练评价

评价项目	评 价 标 准		得分
	内　容	总扣分值	
安装装置	是否按顺序安装	15	
	铁夹夹持玻璃仪器是否可转动	5	
	玻璃接口是否在同一平面上	10	
加　料	是否将长颈漏斗插入侧口之下	5	
	溶液是否超过烧瓶容积的 2/3	5	
	是否加入沸石	5	
	是否检查气密性	5	
加热蒸馏	是否先开冷却水,再加热	5	
	是否先小火,后大火,再保持沸腾	10	
	馏出液速度是否控制每秒 1～2 滴	10	
停止蒸馏	是否先停火后停水	10	
	是否按顺序拆卸仪器	5	
清洁整理	台面是否整洁	5	
	仪器有无损坏	5	
合　计			

五、相关知识

1. 常压蒸馏装置

常压蒸馏装置见图 5-4，主要由测温、汽化、冷凝和接收四部分组成。

（1）测温部分　由测量温度计和辅助温度计构成。测量温度计用于测量瓶内蒸气温度。其最高量程较被馏出组分的沸点高 10～20℃，当蒸馏混合溶液时，高出沸点高的组分 10～20℃，不宜高出过多。因为温度计测量范围越大，测量误差越大。温度计在安装时，其水银球上端应与蒸馏头的侧管下沿处于同一水平线上。这样蒸馏时能被蒸气完全包围，才可测得准确的温度。

如果要校正温度计的误差，可增加一支辅助温度计。辅助温度计要在测量温度计外露部分的中段。

（2）汽化部分　由圆底烧瓶和蒸馏头组成。用圆底烧瓶盛放被蒸馏液体，在加热条件下，液体汽化，由蒸馏头侧管进入冷凝器。加入圆底烧瓶的液体不少于烧瓶容积的 1/3，不得超过 2/3。

（3）冷凝部分　由冷凝管和进出水胶管组成。蒸气进入冷凝管内管，冷凝水不断从下口进入，热水由上口流出，带走热量，使蒸气冷凝为液体。当蒸馏液体沸点高于 140℃时，可用无夹套的空气冷凝管对蒸气进行冷凝。

（4）接收部分　接收部分由接液管和接收器组成。接收器通常用锥形瓶、圆底烧瓶或小烧杯。在冷凝管中冷凝的液体，经接液管后，收集在接收器中。

2. 常压蒸馏中的注意事项

① 除接收器与接液管外，整个蒸馏装置的各个部分都必须装配严密，不能有气体泄漏造成产品损失或引发其他危险。

② 接液管与接收器之间不能密封，以保持烧瓶在常压下工作。

③ 蒸馏液体有机物，不可直接加热，必须间接加热。

④ 不可向正在加热的液体混合物中补加沸石。

*训练 2　丙酮和 1,2 - 二氯乙烷的分馏

一、训练内容

掌握简单分馏装置的安装，并运用简单分馏装置分离丙酮和 1,2- 二氯乙烷。

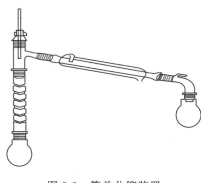

图 5-5　简单分馏装置

二、简单分馏装置

简单分馏装置如图 5-5 所示。与图 5-4 相比较，简单分馏装置在圆底烧瓶与分馏头之间加装了一根分馏柱。

三、操作步骤

☞ 你做好准备工作了吗？确认就开始！

1. 安装分馏装置。与安装蒸馏装置的步骤方法相同。

2. 分馏操作。与蒸馏操作基本相同。不同之处有如下两点：

① 在加料过程中，必须取下分馏柱，直接在圆底烧瓶中加入 25mL 丙酮和 15mL1,2-二氯乙烷，不可从分馏头加入，以免污染分馏柱。

② 温度控制更为严格，馏出液一般为 2~3s/滴为宜。

四、训练评价

评价项目	评 价 标 准		得分
	内 容	总扣分值	
安装装置	是否按次序安装装置	15	
	铁夹夹持玻璃仪器是否可转动	5	
	玻璃接口是否在同一平面上	10	
加 料	是否取下分馏柱	5	
	溶液是否超过烧瓶容积的 2/3	5	
	是否加入沸石	5	
	是否检查气密性	5	
加热蒸馏	是否先开冷却水,再加热	5	
	是否先小火,后大火,再保持沸腾	10	
	馏出液速度是否每 2~3s1 滴	10	
停止蒸馏	停止蒸馏是否先停火后停水	10	
	是否按顺序拆卸仪器	5	
清洁整理	台面是否整洁	5	
	仪器有无损坏	5	
合 计			

五、相关知识

简单分馏馏出物的纯度比常压蒸馏馏出物的纯度要高得多，说明分馏比蒸馏的分离效果要好，两者的差异就在于装置中相差的分馏柱。

1. 分馏柱的作用

当液体受热时，沸点低的物质首先汽化。在沸点低的物质汽化的同时，也有少量高沸点的物质进入气相，气相仍然是混合物。当气体混合物进入分馏柱时，由于空气的冷凝作用，高沸点的蒸气重新凝结为液体，沿柱体回流下来。回流过程中与上升的蒸气相遇，两者发生热交换，使继续上升的气体低沸点组分增加，下降的液体中高沸点组分增加，经过反复多次的冷凝与汽化，使最终到达分馏柱顶部的蒸气接近于纯低沸点组分，而回流到受热容器的液体则接近于纯高沸点组分，从而达到高、低沸点混合物分离的目的。

2. 分馏柱的分类

实验室常用的分馏柱有刺形分馏柱和填料式分馏柱等形式。刺形分馏柱是中空的；填料式分馏柱则填充一些玻璃球或陶瓷等，加填料的目的是增加气液两相的接触面积，分离效果较刺形分馏柱更好。但刺形分馏柱简单，黏附液少，适合于沸点相差较大、分离要求不高的场合。

拓展知识

工业上提纯某些热稳定性较差的有机化合物时，为了防止在沸点时有机物分解，必须降低蒸馏时的温度。通常采用的方法有两种：一种是水蒸气蒸馏；另一种是减压蒸馏。

1. 水蒸气蒸馏

将水蒸气以鼓泡的方式通入有机物，使水与有机物共沸的操作称为水蒸气蒸馏。

(1) 水蒸气蒸馏原理　实验证明，两种互不相溶液体的蒸气压，等于在相同温度下各纯组分单独存在时蒸气压之和。由此可知，在一定温度下，互不相溶液体混合物的蒸气总压总是大于任一纯组分的蒸气压。在不溶于水的有机物中，通入水蒸气，进行水蒸气蒸馏，可在低于100℃的温度下，将有机物与水蒸馏出来，冷却，静置分层，除去水层，即可得到有机物，达到去杂质的目的。

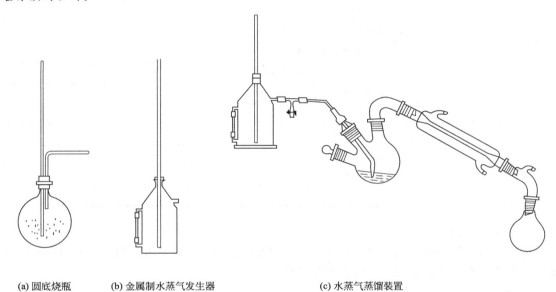

(a) 圆底烧瓶　　　(b) 金属制水蒸气发生器　　　(c) 水蒸气蒸馏装置

图 5-6　水蒸气蒸馏装置

(2) 水蒸气蒸馏装置　水蒸气蒸馏装置如图 5-6 所示。主要包括水蒸气发生器、三颈烧瓶、直形冷凝管及接收器等。

水蒸气发生器一般用金属制成，也可用 1000mL 圆底烧瓶代替。通常加水量不超过其容积的 2/3 为宜。在发生器上口插入一支长约 1m、直径 5mm 的玻璃管，并接近水蒸气发生器底部，作为安全管用。当水蒸气发生器压力增大时，水就沿安全管上升，达到调节压力的目的。

水蒸气经 T 形管与蒸气导入管连接。T 形管下端接有橡胶管与螺旋夹，它有两个作用，一是及时排出冷凝水，二是在系统压力过大或结束蒸馏时，释放蒸气，调节内压。

三颈烧瓶盛有待蒸馏有机物，蒸气导入管从中口深入到待蒸馏有机物内部，另一侧口通过蒸馏头连接到冷凝管。与冷凝管相连的接收器则用来收集产品。

(3) 操作中的注意事项

① 加热前必须检查整套装置的气密性。

② 检查气密性后，需打开 T 形管的螺旋夹并开通冷却水，再开始加热水蒸气发生器，直至

沸腾。

③ 当有大量水蒸气从 T 形管冲出时，再旋紧螺旋夹，水蒸气进入烧瓶，调节水蒸气量，控制馏出液每秒 2～3 滴。

④ 当馏出液无油珠时，打开螺旋夹，解除系统压力，然后停止加热。

⑤ 当有过多蒸气在烧瓶内冷凝时，可在烧瓶外用酒精灯隔着石棉网适当加热。加热时如烧瓶内有机物进溅激烈，应暂停加热，以免意外。

⑥ 由于水蒸气发生器与三颈烧瓶都需要加热，应注意整个装置的安装高度。

2. 减压蒸馏

通过降低系统压力，使液体在低于正常沸点的温度下蒸馏出来的操作称为减压蒸馏。

（1）减压蒸馏的基本原理 液体物质的沸点随着外界压力的降低而降低。通过降低系统压力，使沸点较高，稳定性较差，常压下蒸馏易发生氧化、分解和聚合的有机化合物在较低温度下就可蒸馏出来，达到分离提纯的目的。

（2）减压蒸馏装置 减压蒸馏装置通常由蒸馏装置、压力计、真空装置及附设保护装置组成，如图 5-7 所示。

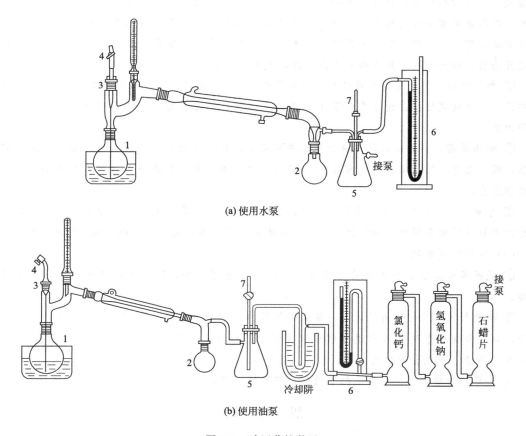

(a) 使用水泵

(b) 使用油泵

图 5-7 减压蒸馏装置

1—圆底烧瓶；2—接收器；3—克氏蒸馏头；4—毛细管；5—安全瓶；6—压力计；7—三通活塞

① 蒸馏装置。将圆底烧瓶置于水浴中。在圆底烧瓶上安装克氏蒸馏头，在克氏蒸馏头直管口插入一根末端拉成毛细管的厚壁玻璃管，毛细管末端距烧瓶底部 1～2mm，玻璃管上端附有螺旋夹的橡胶管，用来调节空气进入量。其作用是在液体中形成汽化中心，防止暴沸。温度计安

装在克氏蒸馏头的侧管中，温度计的水银球应在水平管的下部。常用耐压的圆底烧瓶作为接收器。

② 减压装置。实验室常用水泵或真空泵对体系抽真空进行减压。使用水泵的减压装置较为简便［见图 5-7(a)］，且能满足一般减压蒸馏的需要；使用油泵能达到更高的真空度，但装置较为复杂［见图 5-7(b)］。

③ 测压装置。测量减压系统的压力常用开口式或封闭式水银压力计（见图 3-14）。

④ 保护装置。利用水泵减压时，只需在接收器、水泵和压力计之间接一个安全瓶，以防倒吸。瓶上配活塞，以供调节系统压力及放入空气解除系统真空用。利用油泵减压时，由于油泵结构精密、使用条件严格，则需在接收器、压力计和油泵之间，依次连接安全瓶、冷却阱以及三个分别装无水氯化钙、粒状氢氧化钠、片状石蜡的吸收塔，以冷却、吸收蒸馏系统产生的水汽、酸雾及有机溶剂等，防止其侵害油泵。

（3）减压蒸馏操作

① 安装并检查装置。按图 5-7 安装装置后，首先检查装置的气密性。先旋紧毛细管上端的螺旋夹，再开动减压泵，然后逐渐关闭安全瓶上的活塞，观察体系的压力。若达不到所需的真空度，应检查装置各连接部位是否漏气，必要时可在塞子、胶管等连接处进行蜡封。若超过所需真空度，可小心旋转活塞，缓慢引入少量空气，加以调节。当确认系统压力符合要求后，缓慢旋开活塞，放入空气，直至内外压力平衡，再关真空泵。

② 加入物料。将待蒸馏的液体加入圆底烧瓶中，液体量不超过烧瓶容积的 1/2，关闭安全瓶上的活塞，开动减压泵，通过毛细管上的螺旋夹调节空气进入量，使烧瓶内液体能冒出一连串小泡为宜。

③ 加热蒸馏。当系统内压力符合要求并稳定后，开通冷却水，用适当热浴加热。待液体沸腾后，调节热源，控制馏出速度为每秒 1～2 滴。记录第一滴馏出液滴入接收器及蒸馏结束时的温度和压力。

④ 结束蒸馏。蒸馏完毕，先撤去热源，慢慢松开螺旋夹再逐渐旋开安全瓶上的活塞，使压力计的汞柱缓慢恢复原状。待装置内外压力平衡后，关闭真空泵，停通冷却水，结束蒸馏。

（4）操作注意事项

① 减压蒸馏装置中所用的玻璃仪器必须耐压并完好无损，以免系统负压较大时发生内向爆炸。

② 使用封闭式水银压力计时，一般先关闭压力计的活塞，当需要观察和记录压力时再缓慢打开，以免系统压力突变时水银冲破玻璃管溢出。打开安全瓶上的活塞时，一定要缓慢进行，否则汞柱快速上升也会冲破压力计。

③ 在蒸馏过程中，应保持毛细管通畅，若有堵塞现象，需更换毛细管。

思 考 题

1. 简单分馏与常压蒸馏有什么区别？
2. 分馏柱的作用是什么？
3. 分馏中，水银温度计的汞球应深入到什么部位？为什么？
4. 分馏中为什么不可以从分馏头直接加入物料？
5. 蒸馏的方法有哪些？

项目三 萃取与升华

把固体或液体混合物中的指定物质用溶剂提取出来，以达到分离、收集和提纯目的的过程，称为萃取。

固体在受热后不经液态而直接转变为气态的过程，称为升华。

萃取与升华是实验室常用的混合物分离的方法。

训练1 色素的提取

一、训练内容

掌握分液漏斗的使用方法，从新鲜蔬菜茎、叶中提取叶绿素、叶黄素和胡萝卜素等天然色素。

想一想：

1. 每天都会见到新鲜蔬菜叶子，你知道其中包括哪些色素？

2. 采用什么方法和手段可以将这些色素提取出来呢？

二、主要仪器和试剂

研钵一个、125mL 分液漏斗一个、100mL 锥形瓶三个、减压过滤装置一套、低沸点易燃物蒸馏装置一套、水浴锅一个、酒精灯一盏、剪刀一把、200mL 烧杯两个

新鲜绿叶蔬菜叶、石油醚（60～90℃馏分）、95％乙醇、无水硫酸镁

三、操作步骤

☞ 你做好准备工作了吗？确认就开始！

1. 做好分液漏斗使用前的准备

① 将分液漏斗（见图 5-8）洗净。

② 用滤纸擦干塞子和旋塞孔道中的水分。在旋塞微孔的两侧涂上一层薄薄的凡士林，把旋塞插入孔道、旋转，使凡士林均匀透明，在旋塞细端伸出部位套上橡皮圈，以防操作时塞子脱落。

③ 用橡皮筋将上口塞子系在其上口颈上，防止塞子操作时打碎。

④ 在分液漏斗中装上水，检查旋塞两端有无渗漏现象。再开启旋塞，检查水能否通畅流下。盖上顶塞，倒置漏斗，检查顶部有无渗漏。

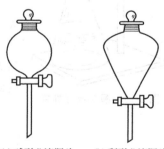

(a) 球形分液漏斗　(b) 梨形分液漏斗

图 5-8 分液漏斗

⑤ 将分液漏斗放在铁圈上，调整高度，固定铁圈，备用。

2. 萃取分离。称取 20g 事前晾干洗净的新鲜蔬菜叶，将其剪成碎片放入玻璃研钵中，初步捣烂后，加入 20mL 体积比为 2：1 的石油醚-乙醇溶液，研磨 5min，减压过滤。过滤后，滤渣倒回研钵，加入 10mL 体积比为 2：1 的石油醚-乙醇溶液，研磨，减压过滤。将上述操作再重复 1 次。

3. 洗涤干燥

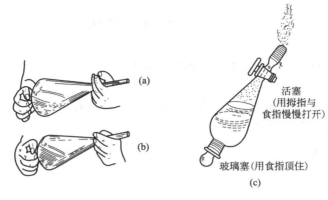

图 5-9　萃取操作示意图

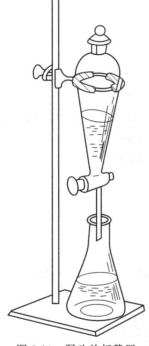

图 5-10　漏斗放好静置

① 合并三次抽滤的萃取液，打开分液漏斗上部的玻璃塞，将萃取液加入其中，再加入 10mL 蒸馏水，盖好上部玻璃塞，旋紧。

② 将分液漏斗从支架上取下，用右手按住玻璃塞，左手握住下端的活塞，如图 5-9 所示，小心朝一个方向缓慢振荡。每振荡几次后，就要将漏斗上口向下倾斜，下部支管朝无人方向，左手仍握在活塞支管处，食指、拇指慢慢打开活塞，使过量蒸气逸出，这个过程称为放气，如图 5-9(c) 所示。压力减小后，关闭活塞。振荡和放气重复几次，直至漏斗内压力很小。然后将漏斗仍按图 5-10 放好静置。

③ 静置片刻后，溶液分成两层，先打开上口玻璃塞，慢慢旋开下端活塞，将下层液放出。

④ 再加入 10mL 蒸馏水，重复②、③操作。

⑤ 取下分液漏斗，从上口处将醚层倒入干燥的锥形瓶中，加入 1g 无水硫酸镁干燥 15min。

4. 回收溶剂。将干燥好的萃取液滤入圆底烧瓶，安装低沸点易燃物蒸馏装置（见图 5-11），用水浴加热，回收石油醚。当烧瓶内液体剩下约 5mL 时，停止蒸馏。

5. 将烧瓶内液体转移到锥形瓶中保存，留作色谱柱分析用。

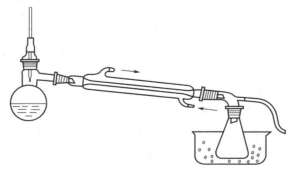

图 5-11　低沸点、易燃或有毒产品的蒸馏装置

四、训练评价

评价项目	评价标准		得分
	内 容	总扣分值	
萃取分离	研磨萃取	5	
	抽滤过程是否正确	5	
洗涤干燥	分液漏斗准备是否完整正确	20	
	分液漏斗振荡是否正确	20	
	分液操作是否正确	20	
	干燥是否进行	5	
回收溶剂	安装低沸点易燃物装置是否正确	10	
	转移瓶内液体是否完全	5	
清洁整理	台面是否清洁整齐	5	
	仪器有无损坏	5	
合　计			

五、相关知识

1. 萃取溶剂的选择

与水不相溶的有机溶剂都可作为萃取剂，具体实验时可根据文献记载或实验来决定。一般按照下列原则选择萃取溶剂：

① 萃取剂对被萃取物质的溶解能力要大，而对杂质的溶解度要小；

② 溶剂要易回收，与被萃取物质易分离；

③ 萃取剂的毒性要小或无毒性；

④ 萃取剂的稳定性要好，挥发性好，不易燃烧；

⑤ 萃取剂的密度与水的密度差别要大，黏度要小。

2. 萃取中的"少量多次"原则

在萃取过程中要贯彻"少量多次"原则。同样体积的有机溶剂，萃取次数越多，效果越好。

训练2 从茶叶中提取咖啡因

一、训练内容

用萃取、升华的方法把咖啡因从茶叶中提取出来。

想一想：

1. 你见过什么升华现象？

2. 日常生活中你用过萃取的方法吗？

二、主要仪器和试剂

150mL 圆底烧瓶一个、脂肪提取装置一套、500mL 烧杯一个、蒸发皿一个、玻璃漏斗一个、水浴锅一个、沙浴锅一个、300℃水银温度计一支、滤纸两张、刮刀一把、玻璃棒一支、酒精灯一盏、电炉一个

茶叶、95％乙醇、生石灰

三、操作步骤

☞ 你做好准备工作了吗？确认就开始！

1. 萃取

① 检查脂肪提取装置的完好性。

② 在圆底烧瓶中，加入 80mL 95％乙醇、2～3 粒沸石。称取 10g 研细的茶叶，装入折叠好的滤纸套筒中，上口折叠成凹形放入脂肪提取器中。

③ 按照"先下后上"的原则，安装脂肪提取器装置（见图 5-12）。

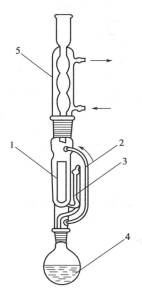

图 5-12　脂肪提取器装置

1—滤纸套筒（内放固体）；2—蒸气上升管；3—虹吸管；4—圆底烧瓶（内盛萃取溶剂）；5—冷凝管

④ 检查装置各连接处严密性后，接通冷却水，用水浴加热，回流萃取 2～3h，直到虹吸管中溶液很淡，在冷凝液刚刚虹吸下去时，停止加热。

2．回收萃取液

① 稍冷，拆除脂肪提取器，加上蒸馏头，提取装置改装成蒸馏装置。

② 加热蒸馏，回收提取液中大部分乙醇。

3．中和脱水

① 趁热将烧瓶中的残液倒入干燥的蒸发皿中，加入 4g 研细的生石灰粉，搅拌成均匀的糊状。

② 在烧杯中盛入约 1/2 容积的水，加热。把蒸发皿置放于烧杯上，用蒸汽浴加热蒸发水分，不断用玻璃棒搅拌，并压碎块状物。

③ 大部分水分蒸发后，将蒸发皿放在石棉网上，用小火烘干，直到固体混合物变成疏松的粉末状，水分完全除去为止。

4．升华

① 将固体粉末相对集中到蒸发皿中央，擦干净其边缘的粉末，盖上一张刺满小孔的滤纸，再将用棉花塞住颈口的漏斗罩在滤纸上。

② 把表面皿置于沙浴上缓慢加热升华。沙浴锅温度控制在 220℃左右。

③ 当滤纸的小孔上出现较多的白色针状晶体时，暂停加热。让其自然冷却至 100℃以下，取下漏斗，揭下滤纸，用刮刀小心地将附在滤纸上的咖啡因晶体刮入收集器皿中。

④ 用玻璃棒搅拌残渣，盖上滤纸和漏斗，用较大火加热，使升华完全。

⑤ 合并两次收集的咖啡因，称量后放至指定收集处。

四、训练评价

评价项目	评 价 标 准		得分
	内　　容	总扣分值	
萃　取	脂肪提取器装置的安装是否正确	10	
	是否每 20～30min 虹吸一次	10	
蒸　馏	是否回收大部分溶剂	10	
中和脱水	蒸汽浴干燥中是否不断搅拌，干燥物中有无块状物	10	
	小火烘焙时是否搅拌，水分是否完全除去	10	
升　华	是否正确安装升华装置	20	
	沙浴温度是否控制在 220℃左右	10	
收集产物	两次收集是否完全	5	
	收集过程中产品有无撒落	5	
清洁整理	台面是否整洁	5	
	仪器有无损坏	5	
合　计			

五、相关知识

1. 脂肪提取器装置

从固体物质中萃取组分也称为浸取。浸取操作时间长，消耗溶剂量大，效率低。实验室中常用脂肪提取器装置（见图5-11）进行提取。

脂肪提取器装置由三部分构成：圆底烧瓶、脂肪提取器和冷凝管。

圆底烧瓶的作用为：

① 盛放溶剂。

② 在热源作用下收集萃取物。

③ 提供溶剂蒸气。

冷凝管的作用主要是把溶剂蒸气冷凝成溶剂溶液，不断向脂肪提取器提供新鲜溶剂。

脂肪提取器由三部分组成：放置固体的位置、虹吸管、蒸气上升管。将固体放置于脂肪提取器内，溶剂蒸气通过蒸气上升管到达冷凝管，由冷凝管滴下的新鲜溶剂不断滴入固体上方进行萃取，并在腔内积累，浸泡固体物质并萃取出部分物质。当溶液液面超过虹吸点高度时，利用虹吸作用，将全部溶液虹吸到圆底烧瓶内。这样不断循环往复，利用全回流，不断向固体物质提供新溶剂。利用虹吸作用，不断把物质富集到烧瓶内。然后用适当方法回收溶剂，得到要提取的物质。

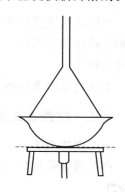

图 5-13　常压升华装置

2. 升华操作的装置

根据提纯物质的性质，可将升华分为常压升华和减压升华。

（1）常压升华装置　最简单的升华装置如图5-13所示，由罩有玻璃漏斗的蒸发皿组成。漏斗的颈部开口，塞有一些疏松的棉花，漏斗的开口直径略小于蒸发皿。在待提纯物质与玻璃漏斗之间，衬一张刺有许多小孔的滤纸，可使固体蒸气通过，同时防止升华物质回到蒸发皿中。

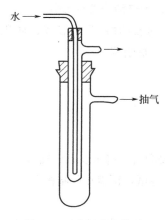

图 5-14　减压升华装置

（2）减压升华装置　对于常压下不易升华或受热易分解的物质，常用减压装置（见图5-14）进行操作。将待提纯物质放入吸滤管中，与真空泵相连，直形冷凝管中通入冷却水，降低冷却面温度。进行操作时，打开冷却水和真空泵，缓慢加热。受热升华的蒸气在冷凝管表面凝结为固体，达到提纯的目的。

3. 升华操作的注意事项

① 安装升华装置时，从升华室到冷却面的距离一定要短，以提高升华速度。

② 升华温度一定要低于待提纯物质的熔点。

③ 待提纯物质一定要研得尽可能细，这样可使升华速度加快。

4. 升华法提纯物质的优缺点

优点：①升华法比一般蒸馏所需温度低，纯化物质不易被破坏。②升华产物纯度高。③操作方便。

缺点：①能升华的物质不是很多，因而有一定的局限性。②操作时间长，提纯物质损失较大。

思 考 题

1. 什么是萃取? 什么是升华?
2. 在萃取操作中, 为什么要放气?
3. 如何选择萃取剂?
4. 脂肪提取器由几部分组成? 其工作原理是什么?
5. 升华操作的装置可分为几类? 各有什么优缺点?
6. 升华法提纯物质有哪些优缺点?

*项目四　色谱法

　　色谱法是现代分离和分析的重要方法之一, 是利用被分析混合物中各组分在固定相和流动相中的作用力不同, 通过多次的反复分配而实现的分离方法。色谱法有柱色谱、纸色谱和薄层色谱等。

　　本项目以经典柱色谱为例进行练习。

训练　柱色谱法分离色素

一、训练内容
用色谱柱将项目三的训练 1 中获得的色素进行分离。

想一想:

训练 1 中获得的色素是什么颜色的? 是单一色素吗?

二、主要仪器和试剂
　　铁架台一个、25mL 酸式滴定管一支、滴液漏斗一个、烧杯四个、干燥洁净的锥形瓶三个
　　体积比为 9:1 的石油醚-丙酮溶液、石油醚、体积比为 7:3 的石油醚-丙酮溶液、体积比为 3:1 的正丁醇-乙醇-水溶液、浓缩色素、中性氧化铝、滤纸、脱脂棉

三、操作步骤
☞ 你做好准备工作了吗? 确认就开始!

　　1. 装色谱柱
　　① 用 25mL 酸式滴定管代替色谱柱。取少许脱脂棉, 用石油醚浸润后, 挤压以赶出气泡, 用长玻璃棒将其放入酸式滴定管底部, 剪一小片直径略小于管径的圆形滤纸, 覆盖在脱脂棉上。
　　② 向柱内加入 20mL 石油醚, 并在铁架台上固定好。
　　③ 从柱上口用玻璃漏斗缓缓加入 20g 中性氧化铝, 加入速度不能太快, 以免带入空气。同时轻轻振动酸式滴定管, 使带入的气泡从上部排出, 并使填充均匀。在加入氧化铝的同时, 小心打开旋塞, 使管内石油醚高度保持不变。氧化铝加完后, 柱内石油醚始终保持高于氧化铝 2mm。
　　2. 加入色素

① 将色素用滴管小心加入到色谱柱内，滴管及盛放浓缩液的容器用 2mL 石油醚荡洗，也加入柱内。

② 色素加完后，打开旋塞，让液面下降 1mm 左右，关闭旋塞，在柱顶加石油醚至超过柱面 1mm 左右，再打开旋塞，使液面下降，如此反复操作几次，使色素全部进入柱体。

③ 色素全部进入柱体后，滴加石油醚至超过柱面 2mm 处。

3. 洗脱

① 在柱顶安装滴液漏斗，装入体积比为 9：1 的石油醚-丙酮溶液 50mL 左右。

② 打开滴液漏斗，让洗脱剂逐滴滴入柱内，同时打开柱下端旋塞，使溶液逐滴流出。先用小烧杯在柱底接收流出液体，当第一个色带即将滴出时，换一个洁净干燥的小锥形瓶接收，得橙黄色液体，即胡萝卜素。

③ 滴液漏斗中洗脱剂滴完后，加入体积比为 7：3 的石油醚-丙酮溶液 50mL 左右。当第二个色带即将滴出时，换一个锥形瓶接收，得到叶黄素。

④ 滴液漏斗中洗脱剂再次滴完后，加入体积比为 3：1：1 的正丁醇-乙醇-水溶液 30mL 左右。当第三个色带即将滴出时，换一个锥形瓶，接收叶绿素。

⑤ 将接收到的三种色素回收到指定容器中，然后清洁工作面。

四、训练评价

评价项目	评 价 标 准		得分
	内　　容	总扣分值	
安装色谱柱	操作步骤是否正确	10	
	柱内有无气泡	10	
	氧化铝在柱内是否均匀、充实	10	
添加色素	滴管及盛放色素的容器是否荡洗完全	5	
	是否让色素完全进入柱内	10	
洗　脱	滴液漏斗是否安装稳固	5	
	滴液漏斗中的洗脱剂是否逐滴滴入	10	
	色谱柱的溶液是否逐滴滴出	10	
	滴入与滴出速度是否基本一致	10	
	色带是否完全分离	10	
清洁整理	台面是否整洁	5	
	仪器有无损坏	5	
合　计			

五、相关知识

1. 吸附柱色谱法

吸附柱色谱法是利用各组分在吸附剂与洗脱剂之间吸附与解吸能力的差异进行分离的色谱方法。

不同组分在柱内的吸附能力是不同的。吸附能力大的在柱内移动速度慢，吸附能力小的在柱内移动速度快，从而分离成不同的色谱带区，达到分离目的。

2. 固定相

固定相（如本实验中的中性氧化铝）起吸附作用，把各组分吸附在色谱柱上。

固定相要有较大的比表面积和一定的吸附能力，有均匀的粒度，与被分离物质的流动相不起化学反应。

3. 流动相

流动相又称为洗脱剂。流动相的洗脱作用实质上就是替代被分离物质在固定相上的位置，使被分离物质进入到流动相中。

不同的洗脱剂具有不同的洗脱能力，因而可以通过改变流动相的组成，把不同的物质从固定相上洗脱下来。

流动相要求黏度低，沸点低，易与被分离物质分离。

 拓展知识

薄层色谱分析

薄层色谱法是将吸附剂涂于玻璃或聚酯片上作为固定相，以展开剂作为流动相的一种分析方法。适用于少量试样中微量成分或性质相似的物质的分离或鉴定，是一种微量分析方法。

(1) 基本原理　薄层色谱法是用吸附剂在玻璃板或聚酯片上铺成薄层，色谱分离就在薄层中进行。吸附剂上吸附的水分或其他溶剂在色谱分离过程中是不流动的，因此称作固定相。在色谱分离过程中，沿着薄层中的毛细孔流动的溶剂或混合剂是流动相，称为展开剂。把试样点在薄层板的一端，离边缘20mm左右。试样中的各组分被吸附在固定相上。然后把薄层板放入展开槽中，使点有试样的一端浸入溶剂中，由于薄层的毛细管作用，展开剂将沿着吸附剂薄层逐渐上升，遇到试样时，试样就溶解在展开剂中。随着流动相沿着薄层的毛细管上升，试样中的各组分在固定相和流动相之间不断发生解吸、吸附、再解吸、再吸附的过程。由于试样中各组分的分配系数不同，试样中吸附能力最弱的组分，随展开剂移动的距离最远，而试样中吸附能力最强的组分移动的距离较小。经过一段时间，试样中的各组分按其吸附能力的强弱而被分离开。

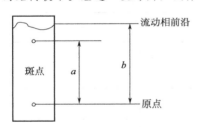

图 5-15　薄层色谱图

试样经薄层分离后，可得到如图 5-15 所示的色谱图。常用比移植 R_f 来表示各组分在色谱图中的位置。

$$R_f = \frac{a}{b}$$

式中　R_f——试样中某组分的比移值；

a——斑点中心到原点的距离；

b——溶剂的前沿到原点的距离。

R_f 的值在 0~1 之间，其值越大，分离效果越好。R_f 值最大为 1，表示该组分随展开剂上升至流动相前沿，该组分不进入固定相；R_f 最小为 0，表示该组分不随展开剂移动，仍在原点位置。在相同条件下，某一组分的 R_f 值是一个特定的值，用测出的 R_f 值与文献上的 R_f 值比较，若相同则为同一物质。

(2) 吸附剂与展开剂的选择　吸附剂必须具有适当的吸附能力，而与溶剂、展开剂及要分离的试样不会发生任何化学反应。吸附剂的种类很多，有硅胶、氧化铝、纤维素和聚酰胺等，其中应用最多的是氧化铝和硅胶。

用吸附剂制薄层板时，有两种制备方法。一种方法是直接用吸附剂制板，称为软板。另一种方法是在吸附剂中加入一定量的黏合剂（如石膏、淀粉等），按一定比例用水调制成板，称为硬板。制成的硬板在风干后，要在 105~110℃ 的烘箱内烘干活化，以增强吸附能力。

展开剂则要考虑被分离组分的极性、吸附剂的活性来选择。根据"相似相溶"原理，极性大的物质要用极性溶剂来溶解，极性小的物质在极性小的溶剂中易溶解。常见的官能团按其极性增强次序排列为：烷烃＜烯烃＜醚类＜硝基化合物＜二甲胺＜酯类＜酮类＜醛类＜胺类＜酰胺＜醇类＜羧酸类。

（3）薄层色谱分离操作

① 制板。取 3～5g 吸附剂于研钵中，研匀至提起呈细丝状，然后将其铺在 100mm×150mm 的玻璃板上，风干后，置于烘箱中，将温度控制在 105～110℃，活化 30min，稍冷，置于干燥器中备用。

② 点样。在距薄板边沿 20mm 处，用铅笔画一条线。用微量注射器吸取 20μL 纯物质标准样点样，样点越小越好。同时用洗耳球吹风，加速溶剂挥发。用另一支微量注射器吸取 20μL 混合样，在线上另一处点样。

③ 展层。在展开槽中放入 10mm 高的展开剂，盖上展开槽盖，让溶剂在展开槽内饱和 10min；然后将点好样的薄层板倾斜放入展开槽中，有样的一端插入展开剂中（薄板上的原点不得浸入展开剂中），见图 5-16 和图 5-17，密闭，展层；当混合样斑点明显分离后，取出薄层板，风干。

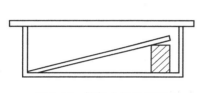

图 5-16　倾斜上行法展开

图 5-17　在玻璃杯中展开

（图中标注：展开器、滤纸、展开剂）

④ 显色。试样在薄层板上展开以后，如试样中的组分是有色的，可以见到色斑。如果是无色的，可根据待分离物质的特点，喷洒适宜的显色剂使其显色。配制显色剂时，尽量选择易挥发溶剂，以免喷在薄层板上后，引起斑点扩散、变形。显色后，立即用铅笔画出斑点的位置，以免褪色或变色后不易寻找。

⑤ 定性分析。每种物质都有特定的 R_f 值，如果在薄层板上试样中的 R_f 值与标准物质的 R_f 值一致，即可初步确定该物质的存在。

⑥ 定量分析

a. 洗脱。用不锈钢刀将标准溶液的斑点、试样的斑点、另取一处空白点分别刮起，削成粉末，分别置于布氏漏斗中，漏斗下方接 10mL 比色管，比色管接入抽滤瓶，用少量适当溶剂倒入布氏漏斗中，使试样溶解，并将其抽入比色管中，稀释至刻度。

b. 比色。用分光光度计分别测它们的吸光度 A 值，然后进行定量计算。

思　考　题

1. 吸附柱色谱法是如何分离物质的？
2. 什么是固定相？什么是流动相？
3. 在实验中，洗脱剂的配比、成分是否相同？

项目五　物质的制备

物质的制备就是利用化学的方法将单质或简单的化合物加工成较复杂的无机物或有机

物；或者将复杂的物质分解成较简单的物质，如石油的加工；以及从天然产物中提取出某一组分或将天然物质加工处理成人们所需要的产品。

训练1 乙烯的制备和鉴定

一、训练内容

用乙醇在浓硫酸作用下制备乙烯。

想一想：

乙烯是液体还是气体？如何制备及检验？

二、主要仪器和试剂

50mL 蒸馏烧瓶一个、导气管一根、尖嘴管一根、200℃温度计一支、125mL 洗气瓶一个

95％乙醇、96％～98％浓硫酸、10％氢氧化钠溶液、2％稀溴水、0.1％高锰酸钾溶液、5％碳酸钠溶液

三、操作步骤

☞ 你做好准备工作了吗？确认就开始！

1. 准备检验用品

① 取洁净试管一支，加 2mL 溴水，放在试管架上备用。

② 取洁净试管一支，加 2mL 高锰酸钾溶液和 1mL 碳酸钠溶液，放在试管架上备用。

③ 取洁净试管一支，加入 2mL 高锰酸钾溶液和 2 滴浓硫酸，放在试管架上备用。

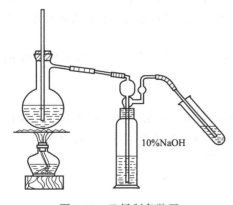

图 5-18 乙烯制备装置

2. 安装乙烯制备的装置

① 按照"先下后上，先左后右"的原则安装制备装置（见图 5-18）。

② 在烧瓶中加入 6mL 95％乙醇，在振摇下，分四次加入 8mL 浓硫酸，再加几粒沸石。

③ 将烧瓶固定在铁架台上，插上温度计，温度计汞球部分要浸入溶液内，但不可接触烧瓶底部。

④ 用橡胶管连接烧瓶和洗气瓶，气体导入管应插入 10 ％氢氧化钠溶液之下。

⑤ 检查气密性。

⑥ 先用强火加热，使反应温度迅速升至 160℃；再调节热源，使温度维持在 165～175℃，即有气体产生。

3. 乙烯的性质与鉴定

认真观察现象并记录。

① 将导气管插入装有 2mL 稀溴水的试管中。

② 将导气管插入装有 2mL 高锰酸钾溶液和 1mL 碳酸钠溶液的试管中。

③ 将导气管插入装有 2mL 高锰酸钾溶液和 2 滴浓硫酸的试管中。

④ 在尖嘴管处点燃气体。

四、训练评价

评价项目	评 价 标 准		得分
	内　　容	总扣分值	
实验准备	温度计汞球是否在液面之下	10	
	洗气瓶导人管是否在液面之下	10	
	气密性是否良好	10	
操作过程	是否迅速升温至160℃以上	10	
	温度是否稳定在165～175℃之间	15	
记　录	试管有无编号	10	
	试管中加的试剂有无记录	10	
	实验现象记录是否完整	15	
清洁整理	台面是否整洁	5	
	仪器有无损坏	5	
合　计			

五、相关知识

1. 实验原理

乙醇在浓硫酸作用下，于170℃发生分子内脱水生成乙烯。反应式为：

$$CH_2\text{—}CH_2 \xrightarrow[170℃]{\text{浓硫酸}} CH_2\!=\!CH_2 + H_2O$$
$$\ \ |\quad\ \ |$$
$$\ \ H\quad\ OH$$

在140℃时，乙醇主要发生分子间脱水生成乙醚：

$$CH_3CH_2O\text{—}H + HO\text{—}CH_2CH_3 \xrightarrow[140℃]{\text{浓硫酸}} CH_3CH_2OCH_2CH_3 + H_2O$$

温度对这两个平行反应影响很大，控制加热速度，使反应温度迅速升至160℃以上，可以使反应以生成乙烯为主。

浓硫酸具有较强的氧化性，在反应条件下，能将乙醇氧化成CO、CO_2等，自身则被还原成SO_2。为防止杂质气体干扰乙烯的性质检验，将生成气体通过装有氢氧化钠溶液的洗气瓶，以除去CO_2和SO_2，CO在常温下不与溴水和高锰酸钾反应，不影响实验结果。

2. 实验现象的解释

① 常温下烯烃与溴水作用，使溴的红棕色很快消失。反应式为：

$$CH_2\!=\!CH_2 + \underset{\text{(红棕色)}}{Br_2} \longrightarrow CH_2\text{—}CH_2$$
$$\qquad\qquad\qquad\qquad |\qquad |$$
$$\qquad\qquad\qquad\quad Br\quad Br$$

② 稀的高锰酸钾碱性冷溶液氧化乙烯时，乙烯被氧化成二元醇。同时高锰酸钾的紫色褪去，生成棕褐色的二氧化锰沉淀。

$$\underset{\text{(紫色)}}{CH_2\!=\!CH_2} + KMnO_4\text{（稀）} + H_2O \xrightarrow{OH^-} CH_2\text{—}CH_2 + \underset{\text{(棕褐色)}}{MnO_2\downarrow} + KOH$$
$$\qquad\qquad\qquad\qquad\qquad\qquad\qquad\qquad\ |\qquad |$$
$$\qquad\qquad\qquad\qquad\qquad\qquad\qquad OH\quad OH$$

乙烯也可使高锰酸钾酸性溶液褪色，其反应式可自行查有机化学教材。

上述反应均可鉴定烯烃的存在。

③ 乙烯可在空气中燃烧，生成水和 CO_2。

$$C_2H_4+3O_2\xrightarrow{燃烧}2CO_2+2H_2O$$

*训练 2　阿司匹林的制备

一、训练内容

用水杨酸和乙酸酐为原料，制备阿司匹林。

想一想：

您用过阿司匹林吗？它主要用于治疗什么疾病？

二、主要仪器和试剂

100mL 圆底烧瓶一个，球形冷凝管一支，100mL、200mL、500mL 烧杯各一个，表面皿一个，洗瓶一个，布氏漏斗一个，抽滤瓶一个，真空泵一台，水浴锅一个，可调电炉一台，100℃温度计一支，托盘天平一台

水杨酸、乙酸酐、浓硫酸、1：2 的盐酸溶液、饱和碳酸氢钠溶液、冰块

三、操作步骤

☞ 你做好准备工作了吗？确认就开始！

1. 接通冷凝管冷却水。

2. 在托盘天平上称取 4g 水杨酸，用量筒量取 10mL 新蒸馏的乙酸酐加入 100mL 干燥的圆底烧瓶中。在不断振摇下加入 10 滴浓硫酸。迅速安装球形冷凝管，通水后，振摇使水杨酸溶解（回流装置见图 5-19）。

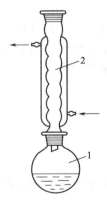

图 5-19　回流装置
1—圆底烧瓶；2—冷凝管

3. 将烧瓶置于水浴中加热，通过调节电压，将水浴温度控制在 75～80℃之间，反应 20min。

4. 待反应稍冷后，拆下冷凝管，在搅拌中将反应液倒入盛有 100mL 冷水的烧杯中，在冰水浴中冷却结晶 20min。

5. 用倾泻法将沉淀转移到布氏漏斗的滤纸上，减压抽滤（抽滤方法见课题五项目一）。用少量冷水洗涤结晶两次，压紧抽干。将滤饼转移至表面皿上，晾干、称重。

6. 将滤饼放入 100mL 烧杯中，加入 50mL 饱和碳酸氢钠溶液，搅拌，直至无二氧化碳气泡为止。

7. 减压抽滤，除去不溶性杂质。

8. 将滤液倒入洁净的 200mL 烧杯中，在搅拌下加入 30mL 1：2 的盐酸溶液，有阿司匹林结晶析出。将烧杯置于冰水浴中静置，待结晶完全后，减压抽滤，用少量冷水洗涤两次，压紧抽干。

9. 将结晶转移到洁净的表面皿上，晾干，称量，计算产率。

四、训练评价

评价项目	评 价 标 准		得分
	内 容	总扣分值	
溶 解	是否在安装球形冷凝管并通水后才进行溶解	10	
反 应	水浴温度是否控制在75~80℃之间	10	
结 晶	结晶是否完全	5	
抽 滤	滤纸大小是否合适	5	
	是否用倾泻法	5	
	液位是否低于布氏漏斗高度的2/3	5	
	是否正确安装抽滤装置	10	
	停泵时是否先打开二通塞	10	
	沉淀是否清洗	5	
	转移沉淀是否有撒落	5	
去除杂质	加入饱和碳酸钠是否搅拌至无二氧化碳气泡析出	10	
重结晶	重结晶是否完全	5	
抽滤	抽滤前是否清洗布氏漏斗	5	
清洁整理	台面是否清洁	5	
	仪器有无损坏	5	
合 计			

五、相关知识

1. 基本原理

阿司匹林的化学名称为乙酰水杨酸，为白色晶体，熔点为135℃，微溶于水。

水杨酸与乙酸酐在75℃左右发生酰化反应，生成乙酰水杨酸。反应式为：

在酸性条件下，水杨酸还可发生缩聚反应，生成少量聚合物。

这些少量聚合物，不能与碱作用溶解，而阿司匹林却可与碳酸氢钠反应生成水溶性钠盐，通过抽滤，可除去缩聚物。然后在滤液中加入盐酸，中和滤液中的碱，阿司匹林重新结晶析出。

2. 注意事项

① 乙酸酐是乙酸的脱水产物，遇水将重新变成乙酸；而乙酸又是合成反应的产物。在反应中减少了反应物，增加了生成物，不利于反应向正反应方向进行，因此要使用干燥的玻璃器皿。

② 乙酸酐有毒并有强烈的刺激性，因此取用时不能与皮肤接触；为防止吸入大量蒸气，在装入试剂时，应迅速安装好通入冷却水的冷凝管。

③ 反应温度应控制在 70～75℃之间，温度过高，易增加缩聚产物的生成。一般来说，水浴温度与烧瓶内的反应温度相差5℃左右，所以控制水浴温度在75～80℃之间。

④ 由于阿司匹林易溶于水，所以洗涤结晶时，要用少量的水。

 拓展知识

1. 物质的制备步骤和方法

用人工合成的方法制备一种物质，首先要熟悉基本化学反应，掌握化学反应规律，运用化学原理，确定制备路线；然后根据反应的需要，选择反应装置；根据产物的性质，确定分离与纯化的方法；在此基础上制订出切实可行的实验计划，做好实验必要的准备，并按预定计划完成物质的制备。

(1) 选择与环境友好的制备路线　制备物质的化学合成与化工生产，在为人类创造大量财富的同时，由于多数要用到酸、碱、有毒的溶剂、原料和中间体，产生废气、废液和废渣，污染环境。因此在选择制备路线时，应把环境友好的工艺路线放在首选位置。其次还要考虑：

① 工艺简单，反应步骤少，时间短，能耗低，反应条件温和，设备简单，操作安全方便；

② 生产成本低，原料价廉易得；

③ 工艺技术先进，副反应少，产品易于纯化。

(2) 正确选择反应装置　制备实验的反应装置要根据需要来选择。在实验室中，如制备的是固体和液体物质，可在敞口容器如锥形瓶、烧杯、烧瓶中进行；如制备的是气体，可选择气体发生器；如溶剂或产物是易挥发、有毒害的物质，则需在通风橱中进行。

(3) 确定分离提纯方法　化学合成的产物常常与过剩的原料、溶剂和副产物混合在一起，使得产物的纯度不能满足要求。这需要根据产物与杂质的理化性质，采用蒸馏、重结晶、区域熔融、萃取、离子交换、化学分离等方法把它们分离提纯。

(4) 制订实验计划，拟订操作步骤　实验计划是根据实验目的与要求，通过查阅手册和文献，了解原料、溶剂和产物的物理化学数据，了解反应所需的时间及现象，画出简单的操作流程图。在本教材中，每个项目的操作步骤，都是根据操作流程图一步一步地列出来的。

(5) 根据实验计划，进行实验准备　实验计划制订以后，就要进行实验前的准备。包括反应装置、容器的洁净；试剂的纯化处理；合理的选择所用试剂的等级，尽可能不用毒害、易燃、易爆的试剂。

(6) 物质的制备　把反应装置容器清洗干净，应该干燥的器皿干燥冷却，应该纯化处理的试剂纯化后，按装置图组装实验装置，按需要的量加入原料、溶剂等，就可以进行物质制备了。反应过程中，要严格控制反应条件，按计划中的操作步骤进行物质的制备。同时要认真观察，记录反应现象和反应时间。

制备好的物质经纯化后，要标明品名、制备日期、制备人，以便进行分析检验。

2. 产率及其计算

制备实验的产率是指该反应达到化学平衡时实际制得纯品的质量与理论产量的比值。

$$产率 = \frac{平衡时产品的质量}{按化学反应式计量该产品的质量} \times 100\%$$

在制备过程中，由于多数反应本身是可逆的，反应物不可能全部转化为产物；同时由于多数反应有副反应发生，易生成其他物质；或者反应不充分，或者分离纯化过程中有产品损失，使实际产品量小于理论产量，因而产率小于1。

例如，实验室根据下列反应原理：

用 3.15g 苯甲醛与过量的乙酸酐发生缩合反应，制得肉桂酸 2.8g，试计算产率。

根据题意，由于乙酸酐过量，因而可认为苯甲醛完全生成肉桂酸。

$$理论产量\ x=\frac{136\times3.15}{107}=4.0(g)$$

$$产率=\frac{2.8}{4.0}\times100\%=70\%$$

由计算结果可知，该反应的产率只有70%。

思 考 题

1. 制备乙烯时，温度计为什么要插在液面下？为什么要使温度迅速升至160℃以上，否则会有什么物质生成？

2. 在乙烯的制备装置中，洗气瓶起什么作用？

3. 写出乙烯与溴水、高锰酸钾碱性溶液的化学反应式。

4. 制备阿司匹林时，为什么要使用干燥的烧瓶？

5. 在制备阿司匹林时，温度过高对实验有什么影响？

6. 在阿司匹林制备实验中，第一次抽滤后得到的固相和液相分别是什么物质？在第二次抽滤中固相和液相分别是什么物质？在第三次抽滤中，固相和液相又分别是什么物质？

项目六　调节废水的 pH

训练　自来水 pH 的测量

一、训练内容

用精密 pH 试纸和酸度计测定自来水的 pH。

想一想：

1. 人们每天使用的自来水呈酸性还是碱性？
2. 用什么方法可以测定自来水的 pH？

二、主要仪器和试剂

pHs-3F 型酸度计一台、玻璃电极一支、甘汞电极一支、200mL 小烧杯两只、玻璃棒一支、精密 pH 试纸若干

pH＝6.86 及 pH＝4.00 的标准缓冲溶液

三、操作步骤

☞ 你做好准备工作了吗？确认就开始！

1. 用精密 pH 试纸测量自来水的 pH
① 用 200mL 小烧杯接自来水少许。
② 取一张精密 pH 试纸，用玻璃棒蘸自来水，点在 pH 试纸上。
③ 用比色板与试纸对照，确定自来水的 pH。

2. 用 pHs-3F 型酸度计测量自来水的 pH
① 将电极电源导线与酸度计插口连接，用蒸馏水清洗电极后，安装在电极架上。
② 接通电源，按下电源开关，预热仪器 30min 后测量。
③ 仪器校正。将功能选择旋钮置于"pH"挡，调节温度调节器与标准缓冲溶液温度值相同，将两电极插入一 pH 已知的标准缓冲溶液（pH＝6.86，25℃）中，将斜率调节器调整到最大，调节定位调节器，使仪器显示读数与该缓冲溶液当时温度下的 pH 相一致。取出电极，用蒸馏水将电极清洗干净，插入 pH＝4.00 的标准缓冲溶液中，保持定位调节器不变，转动斜率旋钮，使仪器显示读数与标准缓冲溶液 pH 一致。此时，调节器旋钮与斜率旋钮不再调节。
④ 用蒸馏水清洗电极，再用自来水（被测溶液）清洗，然后插入自来水中，读出 pH 值。

四、训练评价

评价项目	评价标准		得分
	内　容	总扣分值	
仪器安装	电极导线与酸度计连接是否正确	10	
	电极是否清洗	10	
	是否预热 30min	10	
仪器校正	是否选择 pH 挡	10	
	是否将斜率调整为最大	10	
	是否能正确调节定位调节器	10	
	是否能正确调节斜率	10	
测　量	是否能保持定位及斜率旋钮不变	10	
	是否能正确测定水的 pH	10	
清洁整理	台面是否整洁	5	
	仪器有无损坏	5	
合　计			

五、相关知识

1. pHs-3F 型酸度计的外部结构及各部件的功能作用

pHs-3F 型酸度计的外形如图 5-20 所示。

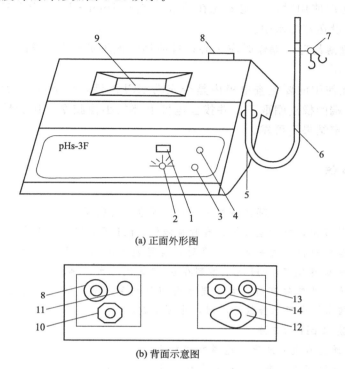

(a) 正面外形图

(b) 背面示意图

图 5-20 pHs-3F 酸度计

1—mV-pH 按键开关；2—温度调节器；3—斜率调节器；

4—定位调节器；5—电极架座；6—U 形电极架立杆；7—电极夹；

8—玻璃电极输入座；9—数字显示屏；10—调零电位器；

11—甘汞电极接线柱；12—电源插座；13—电源开关；14—保险丝座

（1）mV-pH 按钮开关 功能选择按钮，当按钮指向"pH"位置上时，仪器用于 pH 测定；当按钮指向"mV"位置时，仪器用于测量电池电动势。

（2）温度调节器 在测定 pH 时，用来补偿温度对斜率所引起的偏差的装置，使用时将其调至所测溶液的温度数值。在测定电池电动势时，无作用。

（3）斜率调节器 在测定 pH 时，用来调节电极系数，使其能更精确地测量溶液的 pH。测定电池电动势时无作用。

（4）定位调节器 在测定 pH 时，用来抵消待测离子活度为零时的电极电位。

（5）电极夹 用于夹持玻璃电极、甘汞电极或复合电极。

（6）调零电位器 在仪器接通电源后，电极插入输入座前，若仪器显示不为"000"，则可调此零电位使仪器显示为"000"，然后再锁紧电位器。

pH 玻璃电极与甘汞电极在水中的工作示意图如图 5-21

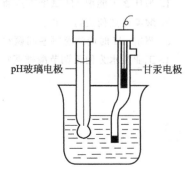

图 5-21 电极装置示意图

所示。安装电极时，玻璃电极的球泡略高于甘汞电极下端，插入深度以玻璃电极球泡浸没于溶液中为限。

2. 测定 pH 注意事项

① 玻璃电极初次使用时，一定要先在蒸馏水或 $0.1mol \cdot L^{-1}$ HCl 溶液中浸泡 24h 以上，每次用毕应浸没在蒸馏水中。

② 玻璃电极壁薄易碎，操作时应小心；且使用温度不低于 5℃ 或高于 60℃；不能在含氟较高的溶液中使用。

③ 甘汞电极在使用前要检查电极内是否充满 KCl 溶液，溶液内应无气泡，防止断路。使用时要把电极下端的橡皮帽取下，并拔去电极上部的小橡胶塞，让少量的 KCl 溶液从毛细管中渗出，使测定结果更可靠。

 拓展知识

环保措施——调节废水的酸碱度

工业生产排放的废水，有时呈酸性，有时呈碱性，pH 不稳定，对水中的生物、水利设施及农作物都有危害。当酸碱性超过一定的标准时，有可能使废水处理厂活性污泥完全失活。因此国家标准中废水排放标准规定，pH 必须控制在 6～9 之间才可以排放。

含酸含碱的废水在浓度较高时，首先要考虑回收利用。不可综合利用时，则需用中和的方法，将 pH 调节至国家标准废水排放标准时，才可排放。

(1) 调节酸性废水 pH 的方法

① 使酸性废水通过石灰石滤床，达到中和的目的；

② 使酸性废水通过石灰乳融合，达到中和的目的；

③ 通过中和池，与碱性废水混合，使 pH 接近中性；

④ 向酸性废水中，投入碱性废渣，如电石渣、磷酸钙、碱渣等。

(2) 调节碱性废水的方法

① 向碱性废水中通入烟道气，因为烟道气中含有 CO_2 和 SO_2 两种酸性氧化物，对碱进行中和，这样既可以降低废水中的 pH，又可除去烟道气中的灰尘和 CO_2、SO_2 等有害气体；

② 向碱性废水中注入 CO_2 气体；

③ 通过中和池向碱性废水中注入酸中和碱性废水。

思 考 题

1. 为什么不能把 pH 试纸直接插入水中进行测定？

2. 酸度计如何进行校正？

3. 测定 pH 时应注意哪些问题？

4. 工业废水为何要调节酸碱度？调节方法有哪些？

参 考 文 献

［1］ 中国化工教育协会．全国中等职业教育化学工艺专业教学标准．北京：化学工业出版社，2007.

［2］ 初玉霞．化学实验技术基础．北京：化学工业出版社，2002.

［3］ 胡凤才等．基础化学实验教程．北京：科学出版社，2004.

［4］ 初玉霞．有机化学实验．第 2 版．北京：化学工业出版社，2006.

［5］ 朱永泰．化学实验技术（Ⅰ）．北京：化学工业出版社，1998.

［6］ 丁敬敏．化学实验技术（Ⅱ）．北京：化学工业出版社，1998.

［7］ 张振宇．化学实验技术（Ⅲ）．北京：化学工业出版社，1998.

［8］ 刘珍．化验员读本．第 4 版．北京：化学工业出版社，2004.

［9］ 盛小东．工业分析技术．北京：化学工业出版社，2002.

［10］ 李淑荣．化学检验工．北京：化学工业出版社，2008.

［11］ 周公度．化学辞典．北京：化学工业出版社，2004.

［12］ 余经海．工业水处理技术．北京：化学工业出版社，1998.

［13］ 魏振枢．环境水化学．北京：化学工业出版社，2002.